T0255889

Forschungsreihe der FH Münster

Die Fachhochschule Münster zeichnet jährlich hervorragende Abschlussarbeiten aus allen Fachbereichen der Hochschule aus. Unter dem Dach der vier Säulen Ingenieurwesen, Soziales, Gestaltung und Wirtschaft bietet die Fachhochschule Münster eine enorme Breite an fachspezifischen Arbeitsgebieten. Die in der Reihe publizierten Masterarbeiten bilden dabei die umfassende, thematische Vielfalt sowie die Expertise der Nachwuchswissenschaftler dieses Hochschulstandortes ab.

Stephan Dittrich

Das intestinale Mikrobiom bei Multipler Sklerose

Zusammensetzung,
Pathophysiologie und
therapeutisches Potential

Stephan Dittrich
Kulmbach, Deutschland

Masterarbeit Münster, 2022

ISSN 2570-3307 ISSN 2570-3315 (electronic)
Forschungsreihe der FH Münster
ISBN 978-3-658-42498-5 ISBN 978-3-658-42499-2 (eBook)
https://doi.org/10.1007/978-3-658-42499-2

Die Deutsche Nationalbibliothek verzeichnet diese Publikation in der Deutschen Nationalbibliografie; detaillierte bibliografische Daten sind im Internet über http://dnb.d-nb.de abrufbar.

Planung/Lektorat: Marija Kojic
Springer Spektrum ist ein Imprint der eingetragenen Gesellschaft Springer Fachmedien Wiesbaden GmbH und ist ein Teil von Springer Nature.
Die Anschrift der Gesellschaft ist: Abraham-Lincoln-Str. 46, 65189 Wiesbaden, Germany

Inhaltsverzeichnis

Abkürzungsverzeichnis

3-HAA	3-Hydroxyanthranilsäure
5-HT	5-Hydroxytryptamin
6-ECDCA	6-Ethyl-Chenodesoxycholsäure
AA	Afro-Amerikaner
AAS	Aromatische Aminosäuren
ACE	Abundance-based coverage estimator
ADEM	Akute disseminierte Enzephalomyelitis
Adj.	Adjustiert
AhR	Aryl-Hydrocarbon-Rezeptor
AMS	Atypische Multiple Sklerose
AP	Aktive Phase
APC	Antigen-presenting cell
APRIL	A proliferation inducing ligand
Arg1	Arginase 1
AT	Azathioprin
ATP	Adenosintriphosphat
AUC	Area under the curve
Auto-AK	Autoantikörper
B.	*Bifidobacterium*
B. fragilis	*Bacteroides fragilis*
BAFF	B cell activating factor
BCR	B cell receptor
BDI	Beck-Depressions-Inventar
BDNF	Brain-derived neurotrophic factor
BHS	Blut-Hirn-Schranke
BMI	Body-Mass-Index

BMS	Benigne Multiple Sklerose
B~Regs~	Regulatorische B-Zellen
C.	*Clostridium*
C57BL/6	C57 black 6
CA	Cholsäure
cAMP	Cyclic adenosine monophosphate
CAMs	Cell adhesion molecules
CC	Corpus Callosum
CCL2	CC-Chemokin-Ligand-2
CD	Cluster of differentiation, Control diet
CDCA	Chenodesoxycholsäure
CED	Chronisch-entzündliche Darmerkrankungen
CR	Cellulose-rich
CRH	Corticotropin-releasing hormone
CRP	C-reaktives Protein
CXCR3	CXC-Motiv-Chemokinrezeptor 3
DC	Dendritic cell
DCA	Desoxycholsäure
DGN	Deutsche Gesellschaft für Neurologie
DMF	Dimethylfumarat
DMT	Disease modifying treatment
DNA	Deoxyribonucleic acid
E.	*Escherichia*
EAE	Experimental autoimmune encephalomyelitis
EBV	Epstein-Barr-Virus
ECN	Escherichia coli Nissle
EDSS	Expanded disability status scale
eNOS	Endothelial nitric oxide synthase
ENS	Enterisches Nervensystem
ERK	Extracellular-signal regulated kinases
Exp.	Experiment
Expr.	Expression
F.	*Faecalibacterium*
F/B-Ratio	Firmicutes-Bacteroidetes-Ratio
FDR	False discovery rate
FFAR	Free fatty acid receptor
Fig.	Figure
FITC-BSA	Fluorescein isothiocyanate labelled bovine serum albumin
FMT	Fäkale Mikrobiota-Transplantation

Foxp3	Forkhead-Box-Protein P3
FS	Fettsäure
FS-Scores	Functional systems scores
FTY	Fingolimod
FXR	Farnesoid X receptor
GA	Glatirameracetat
GABA	Gamma-Aminobuttersäure
GALT	Gut associated lymphoid tissue
GCA	Glycocholsäure
Gd^+T1-Läsionen	Gadolinium-enhancing T1-Läsionen
GHQ	General health questionnaire
GIT	Gastrointestinaltrakt
GKS	Glukokortikosteroide
GLP-1	Glucagon-like Peptid 1
GM-CSF	Granulocyte-macrophage colony-stimulating factor
GPBAR1	G Protein-Coupled Bile Acid Receptor 1
GPR109A	G protein-coupled receptor 109 A
GTA	Glycerintriacetat
HC	Healthy controls
HDAC	Histon-Deacetylasen
HFD	High-fiber diet
HKP	Heat-killed preventive
HKT	Heat-killed therapeutic
HLA	Human leukocyte antigen
HP	Hispanics
HPA-Achse	Hypothalamus-Hypophysen-Nebennierenrinden-Achse
HV/LP	High vegetable/low protein
i.p.	Intraperitoneal
I3S	3-Indoxylsulfat
IAA	Indol-3-Essigsäure
IAld	Indol-3-aldehyd
IDO	Indolamin-2,3-Dioxygenase
IF	Isoflavonfrei
IFN	Interferon
IG	Interventionsgruppe
IgA	Immunglobulin A
IL	Interleukin
ILA	Indol-3-Laktat
ILC3	Type 3 innate lymphoid cell

IMF	Intermittierendes Fasten
iMSMS	International multiple sclerosis microbiome study
iNOS	Inducible nitric oxide synthase
IPA	Indol-3-Propionsäure
IR	Isoflavon-reich
JNK	c-Jun-N-terminale Kinasen
k.A.	keine Angabe
KG	Kontrollgruppe
KH	Krankheit
KIS	Klinisch isoliertes Syndrom
KK	Kaukasier
KP	Kombinationspräparat
KPS	Kapsuläre Polysaccharide
KRK	Kolorektales Karzinom
L.	*Lactobacillus*
L. reuteri	*Lactobacillus reuteri*
LA	Lauric acid
LBP	Lipopolysaccharide-binding protein
LCA	Lithocholsäure
LFD	Low-fiber diet
LLb	Live *lactobacilli*
LP	Lamina propria
LPS	Lipopolysaccharide
LRP-1	Low Density Lipoprotein Receptor-related Protein 1
MAMPs	Microbe-associated molecular patterns
MB	Mikrobiom
MFD	Medium-fiber diet
MG	Mikroglia
MHC	Major histocompatibility complex
MLK	Mesenteriallymphknoten
MMP	Matrix-Metalloproteinasen
MOG	Myelin-Oligodendrozyten-Glykoprotein
Mph	Makrophage
MPS	Methylprednisolon
MRT	Magnetresonanztomographie
MS	Multiple Sklerose
MSFC	Multiple sclerosis functional composite
MSWS-12	Twelve item MS walking scale
MX	Mitoxantron

MyD88	Myeloid differentiation primary response 88
MZ	Monozyt
n. s.	nicht signifikant
n. u.	nicht untersucht
NAD	Nicotinamidadenindinukleotid
Na-F	Natrium-Fluorescein
NaV1.6	Voltage-gated sodium channel 1.6
NCX	Na+/Ca2+ exchanger
NF-κB	Nuclear factor kappa B
NLR	NOD-like receptor
NMOSD	Neuromyelitis-optica-Spektrum-Erkrankungen
NO	Stickstoffmonoxid
NOD	Non obese diabetic
NOS2	Nitric Oxide Synthase 2
NOX	NADPH-Oxidase
NZ	Natalizumab
ODZ	Oligodendrozyt
Olfr558	Olfactory receptor 558
OPC	Oligodendrocyte progenitor cell
OSE	Opticospinale Enzephalomyelitis
OTUs	Operational taxonomic units
P.	*Prevotella*
p. o.	Per os
PA	Propionic acid
PAP	Propionic acid preventive
PAT	Propionic acid therapeutic
PB	Plasmablast
PBMCs	Peripheral blood mononuclear cells
PC	Plasma cell
PCR	Polymerase chain reaction
PD	Phylogenetic diversity
PG	Placebogruppe
PGN	Peptidoglycan
PI	Permanente Intervention
PL	Proliferation
PPMS	Primary progressive multiple sclerosis
PRI	Pain rating index
prod.	produzierend
PSA	Polysaccharid A

PSL	Prednisolon
PXR	Pregnan-X-Rezeptor
PYY	Peptid YY
RALDH1	Retinaldehyd-Dehydrogenase 1
RAR	Retinoic acid receptor
RHOA	Ras homolog family member A
RLE	Relative evenness
RM	Rückenmark
RNA	Ribonucleic acid
RNS	Reactive nitrogen species
ROS	Reactive oxygen species
RP	Remissionsphase
RR	Relatives Risiko
RRMS	Relapsing remitting multiple sclerosis
rRNA	Ribosomal ribonucleic acid
S.	*Streptococcus*
SAA	Serumamyloid A
SCFA	Short-chain fatty acid
Sek.	Sekunden
SFB	Segmentierte filamentöse Bakterien
sig.	signifikant
siLP	Small intestine lamina propria
SJL/J	Swiss Jim Lambert/J
Slc5a8	Solute Carrier Family 5 Member 8
Smad7	Mothers against decapentaplegic homolog 7
SOCS2	Suppressor of cytokine signaling 2
SPMS	Secondary progressive multiple sclerosis
Suppl.	Supplementary
TCA	Taurocholsäure
Tc-Zelle	Cytotoxic T cell
TDCA	Taurodesoxycholsäure
TF	Teriflunomid
TFD	Tryptophan-free diet
TGF	Transforming growth factor
TH	T-Helferzelle
Therap.	Therapeutisch
TI	Therapeutische Intervention
TJP	Tight-Junction-Proteine
TLR	Toll-like receptor

TMEV	Theiler's murine encephalomyelitis virus
TNF	Tumornekrosefaktor
T_{Regs}	Regulatorische T-Zellen
Trp	Tryptophan
TUDCA	Tauroursodeoxycholsäure
UDCA	Ursodeoxycholsäure
unc.	unclassified
UniFrac	Unique fraction metric
UT	Untreated
uw	unweighted
VEGF	Vascular endothelial growth factor
w	weighted
WD	Western diet
WHO	World Health Organization
ZLK	Zervikaler Lymphknoten
ZNS	Zentrales Nervensystem
ZO-1	Zonula occludens-1
ZSF	Zerebrospinalflüssigkeit

Abbildungsverzeichnis

Tabellenverzeichnis

Einleitung

„Multiple Sklerose – Angriff aus dem Darm" (Donner, 2021), „Darmflora kann MS auslösen" (N-TV, 2017) oder „Treating multiple sclerosis with the help of the gut microbiome" (Weintraub, 2019). Überschriften dieser Art lassen sich bei aktuellen Artikeln von populären Nachrichtenwebsites als auch diversen Fachzeitschriften finden und implizieren hiermit eine bedeutende Rolle unserer Darmflora bei der Entstehung und als mögliche Therapie der Multiplen Sklerose.

In der Tat zeigte sich in den letzten Jahren, dass das Darmmikrobiom keine passive Rolle einnimmt, sondern aktiv zahlreiche physiologische Vorgänge des Wirts beeinflusst (Zheng et al., 2020). Dies betrifft viele unterschiedliche Bereiche des menschlichen Organismus wie z. B. den Energiestoffwechsel, Appetit oder das Immunsystem (Valdes et al., 2018). Diese Erkenntnisse sind der intensiv betriebenen Mikrobiomforschung in den letzten beiden Jahrzehnten zu verdanken. Dies zeigt auch die Anzahl der wissenschaftlichen Veröffentlichungen in der Datenbank „Web of Science", die sich im Zeitraum von 2000–2019 knapp verdreißigfacht hat (Li D. et al., 2020).

Neben den Funktionen des Mikrobioms geriet auch eine gestörte Zusammensetzung der Darmmikrobiota, die sogenannte Dysbiose, zunehmend in den Fokus der Forschung (Martinez et al., 2021). Letztere wurde mit einer Vielzahl von Erkrankungen assoziiert wie z. B. Darmkrebs (Fan et al., 2021), chronisch-entzündlichen Darmerkrankungen (Khan et al., 2019) oder Zöliakie (Pecora et al., 2020). Dieser Zusammenhang war aber nicht nur auf lokale Krankheitsbilder beschränkt, sondern wurde auch bei systemischen Erkrankungen wie z. B. Diabetes mellitus Typ 2 (Sharma und Tripathi, 2019), kardiovaskulären (Kumar et al., 2021) oder neurodegenerativen bzw. -inflammatorischen Erkrankungen hergestellt (Barbosa und Barbosa, 2020). Bei Letzteren spielte die Entdeckung der

S. Dittrich, *Das intestinale Mikrobiom bei Multipler Sklerose*, Forschungsreihe der FH Münster, https://doi.org/10.1007/978-3-658-42499-2_1

sogenannten „gut-brain axis" eine wichtige Rolle, welche als bidirektionale Verbindung zwischen Darm und Nervensystem einen bedeutenden Einfluss auf die Physiologie des ZNS ausübt (Schächtle und Rosshart, 2021).

Darauf aufbauend stellt sich die Frage, welche Möglichkeiten das intestinale Mikrobiom zur Prävention oder Therapie dieser Krankheiten bietet. Die Multiple Sklerose stellt eine neuroinflammatorische Erkrankung dar, bei der es insbesondere bei progredienten Verlaufsformen nur mäßig effektive Behandlungsmöglichkeiten gibt (Smith et al., 2021). Darüber hinaus können diese bei einzelnen Patienten unangenehme Nebenwirkungen zur Folge haben (Goldschmidt und McGinley, 2021). Entsprechend wird intensiv nach neuen therapeutischen Interventionen gesucht, die sowohl wirksam als auch gut verträglich sind. Hierbei könnte das intestinale Mikrobiom einen potenziellen Angriffspunkt darstellen (Blais et al., 2021).

Nach kurzer Erläuterung wichtiger Hintergrundinformationen ist es Ziel dieser Masterarbeit, den aktuellen Stand der Forschung zum Zusammenhang zwischen Mikrobiom und Multipler Sklerose anhand von drei Fragestellungen darzulegen. Zunächst soll geklärt werden, ob bzw. welche Unterschiede in der Zusammensetzung der intestinalen Mikrobiota zwischen MS-Patienten und gesunden Personen existieren. Anschließend sollen pathophysiologische sowie protektive Mechanismen dargelegt werden, welche den Zusammenhang zwischen der Darmmikrobiota und dem genannten Krankheitsbild erklären könnten. Darauf aufbauend werden entsprechende Mikrobiom-assoziierte Möglichkeiten zur Prävention und Therapie von MS dargestellt.

In der anschließenden Diskussion werden die Ergebnisse interpretiert und kritisch reflektiert. Hierbei soll u. a. geklärt werden, ob ein einheitliches dysbiotisches Kernmikrobiom bei MS charakterisiert werden kann, welche Bedeutung die einzelnen (patho-)physiologischen Mechanismen aufweisen und welches klinische Potential die vorgestellten Mikrobiotaassoziierten Möglichkeiten zur Prävention und Therapie der Erkrankung besitzen. Des Weiteren werden Vorschläge für die zukünftige Forschung gegeben.

Hintergrundinformationen 2

2.1 Multiple Sklerose

Die Multiple Sklerose ist eine chronisch-entzündliche Autoimmunerkrankung des zentralen Nervensystems (Hemmer et al., 2021). Obwohl frühe Einzelfallberichte einer potenziellen MS-Erkrankung bis ins Mittelalter zurückreichen, wurde der erste MS-Fall im Jahre 1824 vom Mediziner Charles Prosper Ollivier d´ Angers beschrieben. Knapp 45 Jahre später definierte der französische Neurologe Jean-Martin Charcot die klinischen und pathologischen Merkmale dieser Krankheit, die er als *„la sclérose en plaques disséminées"* bezeichnete (Murray, 2004).

2.1.1 Epidemiologie

Die weltweite Prävalenz wurde für das Jahr 2020 auf 2,8 Millionen geschätzt, was 35,9 Fälle pro 100.000 Personen entspricht (Walton et al., 2020). In den letzten Jahrzehnten ist eine deutliche Steigerung der Krankheitshäufigkeit erkennbar. So war die globale Prävalenz im Jahr 2016 circa 10,4 % höher als 1990 (Wallin et al., 2019). Zwischen 2013 und 2020 wird schätzungsweise sogar von einer Steigerung von bis zu 30 % ausgegangen, wobei verbesserte Möglichkeiten zur MS-Diagnose sowie die vermehrte Erstellung von Melderegistern wahrscheinlich einen bedeutenden Einfluss hierauf besitzen (Walton et al., 2020).

Die höchsten Prävalenzen weisen die WHO-Regionen Europa mit 143 und Amerika mit 117 Erkrankten pro 100.000 Personen auf. Die gepoolte globale Inzidenzrate beträgt 2.1 pro 100.000 Personenjahre, deren Aussagekraft aufgrund fehlender länderspezifischer Daten allerdings gering ist (Walton et al., 2020).

© Der/die Autor(en), exklusiv lizenziert an Springer Fachmedien Wiesbaden GmbH, ein Teil von Springer Nature 2023
S. Dittrich, *Das intestinale Mikrobiom bei Multipler Sklerose*, Forschungsreihe der FH Münster, https://doi.org/10.1007/978-3-658-42499-2_2

In Deutschland wurde auf Basis von Krankenversicherungsdaten eine Prävalenz von 318 Fällen pro 100.000 gesetzlich Versicherten für das Jahr 2015 berechnet (Holstiege et al., 2017). Unter Berücksichtigung der weiteren Versorgungsbereiche entspricht dies einer absoluten Anzahl von knapp 256.000 MS-Erkrankten in der Bundesrepublik (Flachenecker et al., 2020). Auch hierzulande ist eine signifikante Prävalenzsteigerung in den letzten Jahren zu verzeichnen. So wurde die Anzahl an MS-Patienten im Jahr 2000 bundesweit noch auf etwa 122.000 geschätzt (Hein und Hopfenmüller, 2000). Auf Grundlage von kassenärztlichen Daten aus Bayern liegt die jährliche Inzidenz bei circa 16–18 Neuerkrankungen pro 100.000 Einwohnern und blieb im Untersuchungszeitraum von 2006 bis 2015 relativ stabil (Daltrozzo et al., 2018).

Im Vergleich zur gesunden Bevölkerung ist die Lebenserwartung von MS-Patienten um etwa 7–14 Jahre reduziert (Scalfari et al., 2013). In den ersten 20 Jahren nach klinischem Erkrankungsbeginn ist das Mortalitätsrisiko nicht bedeutend erhöht, wohingegen im weiteren Zeitverlauf eine signifikant erhöhte Sterblichkeit (standardisierte Mortalitätsrate: 2.20) im Vergleich zur Allgemeinbevölkerung festzustellen ist (Leray et al., 2015). Weltweit sank die MS-Sterblichkeit im Zeitraum von 1990 bis 2016 um 11,5 %, wobei v. a. Länder mit mittlerem bis hohem sozioökonomischem Index einen starken Rückgang zu verzeichnen hatten (Wallin et al., 2019).

Die Multiple Sklerose manifestiert sich gewöhnlich zwischen dem 20. und 40. Lebensjahr. Ein Krankheitsbeginn außerhalb dieser Alterspanne ist eher selten. Frauen sind zwei- bis dreimal häufiger betroffen und weisen in jeder Altersgruppe eine höhere Prävalenz als ihre männlichen Pendants auf (Kip et al., 2016). Laut deutschlandweitem MS-Register haben die meisten Patienten einen schubförmigen Verlauf (74,2 %), wohingegen 16,1 % einen sekundär und 5,5 % einen primär progredienten Verlauf zeigen (Flachenecker et al., 2020).

2.1.2 Verlaufsformen und Symptomatik

Der rezidivierend remittierende Typ (RRMS) stellt auch global die häufigste Verlaufsform dar, die durch immer wiederkehrende Phasen mit akuten Symptomen gekennzeichnet ist. Im Wechsel folgen Perioden der Remission mit reduzierter Symptomatik (Ghasemi et al., 2017). Bei bis zu 80 % der RRMS-Patienten geht die Erkrankung innerhalb von 20 Jahren in einen sekundär progredienten Verlauf (SPMS) über. Dieser ist durch eine allmähliche Verschlechterung der neurologischen Funktionen ohne eindeutige Remissionsphasen gekennzeichnet. SPMS setzt zwingend einen vorherigen schubförmigen Verlauf voraus, wohingegen die primär progrediente Verlaufsform (PPMS) von Beginn an fortschreitend verläuft (Inojosa et al., 2021). Eine weitere Kategorie stellt das klinisch isolierte Syndrom dar, welches die erste klinische Manifestation einer MS in Form eines Schubs darstellt. Allerdings kann hier noch keine MS-Diagnose erfolgen, da die erforderliche zeitliche Dissemination nicht existiert (siehe Abschnitt 2.1.5; Hemmer et al., 2021). Selten ist auch von einer „benignen MS" die Rede, bei der Patienten 15 Jahre nach Krankheitsbeginn einen EDSS-Wert von höchstens drei Punkten aufweisen (Müller, 2017).

Abhängig vom Ort der Entzündungsherde sind die Symptome der Multiplen Sklerose vielfältig und individuell unterschiedlich, sodass diese Krankheit umgangssprachlich auch als „Erkrankung der Tausend Gesichter" bezeichnet wird (Demitrowitz und Ziemssen, 2020). Nichtsdestotrotz lassen sich einige charakteristische Symptome im Krankheitsverlauf beschreiben. So treten zu Beginn der Erkrankung häufig Sensibilitäts- und Gangstörungen, Paresen, Schmerzen, Optikusneuritiden, Fatigue oder kognitive Beeinträchtigungen auf (Kip und Zimmermann, 2016).

So gaben laut einer amerikanischen Studie 85 % bzw. 81 % der Patienten an, innerhalb des ersten Krankheitsjahres Sensibilitätsstörungen bzw. unerkläriche Fatigue erfahren zu haben. Minimale oder milde geistige Einschränkungen berichteten hierbei etwa 50 % der Patienten. Im weiteren Verlauf der Erkrankung treten oftmals Symptome wie z. B. Blasen- und Darmfunktionsstörungen, Spasmen, Tremores oder eine gestörte Handmotorik auf (Kister et al., 2013). Die genannten Krankheitszeichen intensivieren sich in der Regel mit fortschreitender Dauer und führen somit zu immer ausgeprägteren physischen, kognitiven sowie psychologischen Einschränkungen, welche die Lebensqualität verringern (Gustavsen et al., 2021).

2.1.3 Ätiologie

Für die Krankheitsentstehung ist das Zusammenspiel von ökologischen und genetischen Faktoren essenziell, welche sowohl die Empfänglichkeit als auch den Verlauf der Erkrankung beeinflussen (Baecher-Allan et al., 2018). Die Rolle der Genetik wurde durch familiäre Häufung sowie Zwillingsstudien deutlich. So weisen monozygotische Zwillinge bezüglich MS eine signifikant höhere Konkordanzrate (25–30 %) als zweieiige Zwillinge auf (3–7 %). Das Lebenszeitrisiko wird bei Verwandten ersten Grades auf circa 3 % geschätzt und ist somit deutlich höher als das Risiko in der allgemeinen Bevölkerung (0,1–0,3 %; Patsopoulos, 2018).

Die Erblichkeit ist fast ausschließlich mit bestimmten Genen assoziiert, welche die Immunantwort beeinflussen. Der bedeutendste genetische Risikofaktor ist hierbei das HLA-DRB1*15:01-Allel (Parnell und Booth, 2017), dessen Überrepräsentation bei zahlreichen MS-Patienten beobachtet wurde (Schmidt et al., 2007). HLA-Gene befinden sich innerhalb des MHC-Komplexes auf dem 6. Chromosom und kodieren membrangebundene Glykoproteine, welche an der Immunregulation beteiligt sind (Patsopoulos, 2018). So lässt sich das HLA-DRB1-Protein auf antigenpräsentierenden Zellen finden, wo es durch Präsentation von Peptiden die Aktivität von $CD4^+$-T-Lymphozyten regulieren kann. Darüber hinaus wurden über 200 weitere Gene identifiziert, die in einem deutlich geringeren Umfang mit der MS-Empfänglichkeit assoziiert sind (Parnell und Booth, 2017).

Die ersten Hinweise auf bedeutende Umweltfaktoren ergaben sich aus Studien, die den Einfluss des Breitengrades und der Migration auf das MS-Risiko untersuchten (Baecher-Allan et al., 2018). So konnte beispielsweise gezeigt werden, dass jugendliche Migranten, die von einem Land mit hohem MS-Risiko in eines mit niedrigem Risiko umsiedelten, eine geringere Krankheitsrate als die Bevölkerung im Ausgangsland aufwiesen. Diejenigen, die den umgekehrten Weg gingen, entwickelten aber ein höheres Risiko (Ismailova et al., 2019). Dies lässt auf einen starken Einfluss von Umweltfaktoren auf das Krankheitsrisiko in den ersten beiden Lebensjahrzehnten schließen (Baecher-Allan et al., 2018).

Weitere ökologische Faktoren stellen beispielsweise Vitamin D und die UV-Strahlung dar. Bei Letzterer konnte durch Beobachtungsstudien gezeigt werden, dass eine geringe Sonnenexposition mit einem erhöhten MS-Risiko assoziiert ist. Dies könnte durch den entsprechenden Effekt auf die Vitamin D-Synthese oder weitere immunologische Wirkungen vermittelt werden (Lucas et al., 2015). Ein starker Zusammenhang besteht auch mit einer Infektion mit dem Epstein-Barr-Virus (EBV). So ist das MS-Risiko bei EBV-positiven Menschen signifikant höher (Ahmed et al., 2019).

Einen weiteren Umweltfaktor stellt das Rauchen dar, welches sowohl zu einer erhöhten Krankheitsempfänglichkeit als auch zu einem schnelleren Fortschreiten beiträgt. Im Vergleich zu Nichtrauchern beträgt das relative Risiko, an MS zu erkranken, bei Rauchern ungefähr 1,5 (Wingerchuk, 2012). Darüber hinaus könnte auch die Ernährung eine Rolle spielen. So wird über den Einfluss eines hohen Kochsalzkonsums diskutiert, welcher durch Aktivierung von proinflammatorischen Signalwegen eine potenzielle Rolle in der MS-Pathogenese spielen könnte (Zostawa et al., 2017). Außerdem könnte der Konsum von Alkohol und Kaffee sowie eine vorhandene Adipositas einen Einfluss auf die Entstehung von MS haben (Jakimovski et al., 2019).

2.1.4 Pathogenese

Pathogenetisch ist die Multiple Sklerose durch Neuroinflammation, ZNS-Infiltration von peripheren Leukozyten, Demyelinisierung und axonalen Verlusten gekennzeichnet (Rutsch et al., 2020). Hierbei überwinden sowohl Zellen des angeborenen (z. B. Monozyten) als auch des adaptiven Immunsystems (z. B. T-Lymphozyten) die Blut-Hirn-Schranke und richten sich gegen das körpereigene Myelin in Gehirn und Rückenmark (Kip und Zimmermann, 2016). Diese Substanz wird von Oligodendrozyten des ZNS gebildet, umkleidet die Axone und steigert die nervale Leitungsgeschwindigkeit massiv (Jonas, 2019).

T-Zellen spielen bei der Pathogenese der Multiplen Sklerose eine essenzielle Rolle. Bevor es zur Infiltration des ZNS durch diese Zellen kommt, ist eine Aktivierung und Differenzierung der T-Lymphozyten in sekundären lymphatischen Organen notwendig (Rossi et al., 2021). Dies geschieht durch den Kontakt mit spezifischen Autoantigenen, welche von antigen-präsentierenden Zellen (z. B. dendritischen Zellen) über den MHC-Klasse-II-Proteinkomplex angeboten und von naiven T-Zellen durch ihre T-Zell-Rezeptoren gebunden werden (Kleinschnitz et al., 2007). Bis zum jetzigen Zeitpunkt wurden einige potenzielle Autoantigene bei MS identifiziert, bei denen aber bisher einheitliche pathologische Zusammenhänge fehlen (Kuerten et al., 2020).

Die Transmigration von Leukozyten in das ZNS stellt einen zentralen Schritt dar, der durch die Interaktion von leukozytären Integrinen mit entsprechenden endothelialen Zelladhäsionsmolekülen vermittelt wird. Hierbei ist P-Selektin ein wichtiges Molekül, welches auf den Endothelzellen für die Rekrutierung von Immunzellen aus dem Blut verantwortlich ist (Ciccarelli et al., 2014). Neben Lymphozyten sind auch Zellen des angeborenen Immunsystems wie z. B. Monozyten oder neutrophile Granulozyten in der Lage, die Blut-Hirn-Schranke zu durchschreiten. Die transendotheliale Migration wird hierbei zusätzlich durch Chemotaxis geregelt (Rossi et al., 2021).

Im ZNS werden die migrierten T-Zellen durch APCs, welche Myelin-bezogene Antigene präsentieren, reaktiviert (Jie et al., 2021). Dies kann unter anderem durch Mikroglia erfolgen, welche residente Makrophagen im Gehirn sowie Rückenmark darstellen (Mi et al., 2021) und physiologisch u. a. im Zusammenspiel mit T-Zellen zur Aufrechterhaltung der ZNS-Homöostase beitragen (Dong und Yong, 2019). Bei MS ist die Kommunikation zwischen diesen beiden Immunzellen dysreguliert, sodass ein proinflammatorischer Teufelskreis entsteht. So sind aktive $CD4^+$-T-Zellen in der Lage, entzündliche Mediatoren (z. B. IFN-γ, IL-17) zu produzieren, welche in Folge Mikroglia aktivieren und deren Expression von MHCII, Kostimulatoren (z. B. CD40) sowie proinflammatorischen Zytokinen stimulieren. Gleichzeitig weisen MS-Patienten eine Dysregulation der regulatorischen T-Zellen auf, sodass proinflammatorische T-Lymphozyten nicht mehr ausreichend gehemmt und eine unkontrollierte Neuroinflammation gefördert wird (siehe Abb. 2.1A; Rossi et al., 2021). Durch die von den Immunzellen produzierten entzündungsfördernden Zytokine und Chemokine werden weitere Leukozyten rekrutiert, wodurch sich die proinflammatorische Lage noch weiter verstärkt (Jie et al., 2021).

Für die immunvermittelte Demyelinisierung und axonalen Verluste werden verschiedene zelluläre und humorale Mechanismen verantwortlich gemacht. So können Schädigungen durch Makrophagen hervorgerufen werden, die Myelin-Antigene auf axonalen Oberflächen phagozytieren (Podbielska et al., 2021). Ebenfalls sind auch zytotoxische $CD8^+$-T-Zellen in der Lage, spezifische axonale Antigene zu erkennen und durch die Sekretion von Perforin oder Granzymen Gewebeschädigungen zu erzeugen (Correale et al., 2019). Migrierte Myelin-spezifische B-Zellen differenzieren sich im ZNS zu Plasmazellen aus, welche Autoantikörper gegen diese ZNS-Struktur produzieren (Podbielska et al., 2021). Durch Aktivierung des Komplementsystems können diese humoralen Bestandteile zum Verlust von Myelinscheiden und Axonen beitragen (Correale et al., 2019). Diese pathologischen Veränderungen führen im Verlauf der Erkrankung sowohl zu Nervenleitungsstörungen als auch zu spontanen Hyperexzitationen, durch welche sich die typischen neurologischen Symptome der Erkrankung erklären lassen (Ciccarelli et al., 2014).

Durch die Produktion proinflammatorischer Zytokine sowie ROS/RNS können aktivierte Mikroglia zusätzlich die Entstehung einer mitochondrialen Dysfunktion in Neuronen fördern. Neben der resultierenden Steigerung des oxidativen Stresses, spielt das entstehende Energiedefizit eine große Rolle (Correale et al., 2019). So führt der auftretende ATP-Mangel zu einer intrazellulären Akkumulation von Natrium-Ionen, die im weiteren Verlauf Calcium-Ionen aus intrazellulären Speichern freisetzen und deren Aufnahme aus dem extrazellulären Raum stimulieren. Dieser Calciumüberschuss kann wiederum die Mitochondrien schädigen und führt zu einer Aktivierung von proteolytischen Enzymen, die den neuronalen Zelltod auslösen können (siehe Abb. 2.1B; Ciccarelli et al., 2014).

Des Weiteren sind auch Astrozyten am Krankheitsprozess beteiligt, welche sowohl neuroprotektive als auch pathogene Eigenschaften besitzen. Bezogen auf letztere können diese Gliazellen u. a. die Permeabilität der Blut-Hirn-Schranke erhöhen, indem sie beispielsweise VEGF oder NO produzieren. Außerdem synthetisieren Astrozyten Chemokine (z. B. CCL2) sowie proinflammatorische Zytokine (z. B. IL-6, TNF-α), welche die neuroinflammatorische Lage weiter verstärken können (Kadowaki und Quintana, 2020). Darüber hinaus konnte

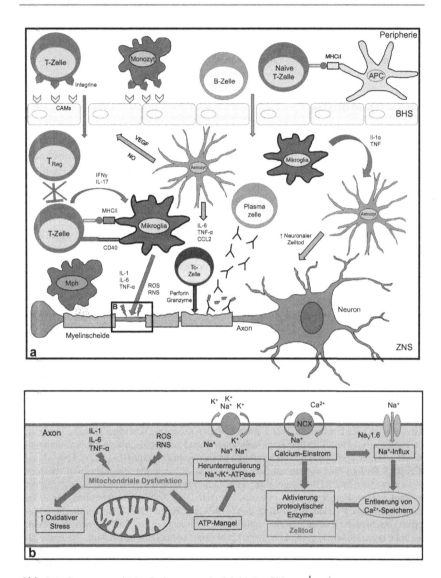

Abb. 2.1 Immunvermittelte Pathogenese der Multiplen Sklerose[1]

---

[1] (**A**) APCs präsentieren über MHCII ZNS-Autoantigene und primen naive T-Zellen in der Peripherie. Durch die Interaktion von CAMs mit Integrinen können Leukozyten die BHS

gezeigt werden, dass diese Zellen nach mikrogliärer Aktivierung einen neurotoxischen Phänotyp entwickeln können, der den Untergang von Nervenzellen und Oligodendrozyten induziert (Liddelow et al., 2017).

2.1.5 Diagnostik

Die Multiple Sklerose stellt eine Ausschlussdiagnose dar, d. h. es lassen sich keine anderen Krankheitsbilder finden, welche für die Symptome oder Befunde des Patienten verantwortlich sind (Hemmer et al., 2021). Die Diagnosestellung stützt sich hierbei auf die Kombination verschiedener Untersuchungsverfahren, wobei keiner dieser Methoden für sich allein eine ausreichende Aussagekraft zur MS-Diagnose besitzt (Schönfelder und Pöhlau, 2016).

Am Anfang des Diagnoseprozesses steht die Anamnese, die u. a. zum Ziel hat, verdächtige Symptome zu erfassen, welche auf MS hinweisen. Hierbei ist die Abfrage äußerlich nicht sichtbarer Symptome wichtig, welche sich beispielsweise in Schmerzen, Fatigue oder Blasenfunktionsstörungen zeigen können. Des Weiteren ist die Erfragung von eventuell aufgetretenen Schüben sowie deren Frequenz essenziell. Ebenfalls sollten vorliegende Autoimmunerkrankungen sowohl

---

überwinden und ins ZNS eindringen. Demyelinisierung und axonaler Verlust werden u. a. durch Mph-vermittelte Phagozytose, zytotoxische Wirkung der von Tc-Zellen produzierten Granzyme/Perforin und durch die von Plasmazellen ausgeschütteten autoreaktiven Antikörper vermittelt. Astrozyten können durch VEGF und NO die BHS-Permeabilität erhöhen sowie den neuronalen Zelltod nach Aktivierung durch Mikroglia fördern. Letztere reaktivieren migrierte T-Zellen, die durch Ausschüttung von IFN-γ und IL-17 ihrerseits Mikroglia aktivieren und die Expression T-Zell-stimulierender Komplexe bewirken können. Da T_{Regs} entzündungsfördernde T-Zellen nicht mehr ausreichend hemmen, entsteht ein proinflammatorischer Teufelskreis. **(B)** Die von Mikroglia produzierten Zytokine (IL-1, IL-6, TNF-α) und ROS/RNS fördern eine mitochondriale Dysfunktion in Neuronen, die mit einem erhöhten oxidativen Stress und ATP-Mangel einhergeht. Letzterer führt durch Herunterregulierung der Natrium-Kalium-Pumpe zu einer erhöhten intrazellulären Natriumkonzentration, die einen kompensatorischen Calcium-Einstrom durch NCX zur Folge hat. Calcium stimuliert wiederum verschiedene Kanäle zum Na^+-Influx, der die Entleerung von Ca^{2+}-Speichern forciert. Die hohe intrazelluläre Calciumkonzentration aktiviert proteolytische Enzyme, die zum neuronalen Zelltod führen. APC = Antigen-presenting cell; ATP = Adenosintriphosphat; BHS = Blut-Hirn-Schranke; CAMs = Cell adhesion molecules; CCL2 = CC-chemokine ligand 2; CD40 = Cluster of differentiation 40; IFN-γ = Interferon-γ; IL = Interleukin; MHCII = MHC-Klasse-II-Komplex; Mph = Makrophage; NaV1.6 = Voltage-gated sodium channel 1.6; NCX = Na + /Ca2 + exchanger; RNS = Reactive nitrogen species; ROS = Reactive oxygen species; Tc-Zelle = Cytotoxic T cell; T_{Regs} = Regulatorische T-Zellen; TNF = Tumornekrosefaktor; VEGF = Vascular endothelial growth factor; ZNS = Zentrales Nervensystem (A: eigene Darstellung; B: modifiziert nach Ciccarelli et al., 2014)

beim Patienten selbst als auch in seiner Familie erfasst werden (Schönfelder und Pöhlau, 2016).

Bei anamnestischem Verdacht schließen sich klinisch-neurologische Untersuchungen an, um potenziell vorhandene Funktionseinschränkungen des Nervensystems erkennen zu können. Letztere werden mithilfe bestimmter Instrumente (z. B. EDSS, MSFC) quantifiziert, um den Schweregrad der Behinderung zu ermitteln und zu standardisieren. So schließt beispielsweise der EDSS Fähigkeiten wie Motorik, Bewegungskoordination, Konzentration, Gedächtnis Sehfunktionen und Kontinenz ein (Schönfelder und Pöhlau, 2016).

Darauf aufbauend stellen MRT-Befunde einen essenziellen Bestandteil der modernen MS-Diagnostik dar. In diesem Zusammenhang haben sich die McDonald-Kriterien etabliert, welche eine frühzeitige Diagnose einer MS erlauben, indem sie MRT-Untersuchungen in den Vordergrund der Diagnostik stellen. Hierbei ist der Nachweis einer zeitlichen und räumlichen Dissemination von Läsionen im Gehirn und Rückenmark obligat (Hemmer et al., 2021). So liegt beispielsweise die Diagnose „MS" vor, wenn zeitlich getrennt mindestens zwei Schübe aufgetreten sind, mindestens zwei räumlich getrennte Läsionen im ZNS durch MRT-Untersuchungen nachgewiesen wurden und keine zutreffendere Erklärung für die klinische Symptomatik gegeben werden kann (Thompson et al., 2018).

Darüber hinaus empfiehlt die Leitlinie der DGN die Durchführung von Liquoruntersuchungen (Hemmer et al., 2021), die neben weiteren paraklinischen Untersuchungsmethoden wie z. B. Aufzeichnung evozierter Potentiale und labordiagnostischen Analysen hauptsächlich bei der Differenzialdiagnostik zum Einsatz kommen. Erst wenn andere Erkrankungen des ZNS ausgeschlossen wurden, kann eine Diagnose der Multiplen Sklerose erfolgen (Schönfelder und Pöhlau, 2016). Differentialdiagnosen stellen z. B. ADEM, NMOSD oder durch Viren verursachte Myelitiden dar (Ömerhoca et al., 2018).

2.1.6 Therapie

Die Multiple Sklerose ist bis zum jetzigen Zeitpunkt nicht heilbar. Nichtsdestotrotz existieren zahlreiche therapeutische Ansätze, mit denen sich das Krankheitsgeschehen positiv beeinflussen lässt. Die Behandlung der MS stützt sich auf drei Säulen, welche die Schubtherapie, verlaufsmodifizierende Therapie und die symptomatische Therapie darstellen (Kip und Zimmermann, 2016). Bei erster hat die intravenöse Gabe von Glukokortikosteroiden die größte Bedeutung, unter denen Methylprednisolon als etablierter Therapiestandard gilt. Ziel der Behandlung ist die Reduktion von neurologischen Defiziten und alltagsbeeinträchtigenden Symptomen. Sollte dies nicht im ausreichenden Umfang erreicht werden, ist eine GKS-Therapieeskalation oder Apherese-Therapie angezeigt (Hemmer et al., 2021).

Ziel der verlaufsmodifizierenden Therapie ist es, die Krankheitsaktivität zu reduzieren (Verhinderung neuer Läsionen), die Schubfrequenz zu verringern (Schubprophylaxe) und den Krankheitsverlauf zu verzögern (Kip und Zimmermann, 2016). Hierfür stehen zahlreiche Immuntherapeutika zur Verfügung, bei denen neben der Wirksamkeit die Berücksichtigung von Verträglichkeit, Sicherheit und Nebenwirkungen essenziell ist. Darauf aufbauend werden diese immunmodulierenden Medikamente in drei Wirksamkeitskategorien eingeteilt, bei denen die Rate schwerer Nebenwirkungen positiv mit der Effektivität des jeweiligen Präparats korreliert. Dimethylfumarat, Interferon-beta, Fingolimod oder Natalizumab stellen prominente Beispiele für solche Immuntherapeutika dar (Hemmer et al., 2021).

Abhängig von der Verlaufsform und der Krankheitsaktivität wurden von der DGN Therapiealgorithmen erstellt, welche das früher verwendete Stufenschema abgelöst haben. So sind nach dem Übergang vom klinisch isolierten Syndrom zur RRMS Immunmodulatoren der Kategorie 2 (z. B. Fingolimod), bei anhaltender Krankheitsaktivität und ungünstigen Prognose-faktoren Therapeutika der dritten Kategorie (z. B. Natalizumab) angezeigt. Bei SPMS liegen zurzeit nur beim Nachweis einer Schubaktivität oder bei der Entwicklung neuer Läsionen wirksame immunologische Therapeutika vor (z. B. Beta-Interferone, Siponimod). Zur Behandlung der PPMS sollen nach jetziger Studienlage nur CD20-Antikörper (z. B. Ocrelizumab) angewendet werden (Hemmer et al., 2021).

Die symptomatische Therapie umfasst sowohl medikamentöse als auch nicht-medikamentöse Maßnahmen, die das Ziel verfolgen, Funktionsfähigkeiten des Patienten wiederherzustellen, die berufliche und alltägliche Leistungsfähigkeit beizubehalten und somit insgesamt die Lebensqualität von MS-Patienten zu bewahren. Nicht-medikamentöse Maßnahmen stellen beispielsweise eine Physiotherapie, Ergotherapie, Psychotherapie oder auch Palliativversorgung dar. Medikamentöse Behandlungen zielen auf die Linderung der jeweiligen Symptome ab, z. B. mit Analgetika oder Spasmolytika (Hemmer et al., 2021).

Darüber hinaus werden im Rahmen von präklinischen und klinischen Studien zurzeit weitere Therapiemöglichkeiten erforscht, wobei bisher noch keine Nachweise einer konsistenten Wirksamkeit und Sicherheit erbracht werden konnten. Hierbei handelt es sich beispielsweise um autologe Stammzelltransplantationen oder die Gabe von hochdosiertem Biotin sowie Vitamin D (Hemmer et al., 2021).

2.2 Intestinales Mikrobiom

Die Begriffe „Mikrobiom" und „Mikrobiota" werden in der Literatur des Öfteren synonym verwendet, wobei sie sich in ihren Definitionen unterscheiden (Qian et al., 2020). Mit letzterem Begriff ist eine Gemeinschaft lebender Mikroorganismen gemeint, die in einer bestimmten Umgebung angesiedelt ist (Berg et al., 2020). Das Mikrobiom bezieht sich auf das gesamte Habitat, welches neben den eigentlichen Mikroorganismen auch deren Genome und die umgebende Umwelt umfasst. Das Metagenom beschreibt die Gesamtheit aller genetischen Informationen der Mikrobiota (Qian et al., 2020). Mikroorganismen sind an unterschiedlichen Stellen des menschlichen Körpers angesiedelt, z. B. auf der Haut, in der Mundhöhle, im Oesophagus oder im Darm (Gilbert et al., 2018).

2.2.1 Charakterisierung

Der humane Gastrointestinaltrakt beherbergt eine Vielzahl an Mikroorganismen, die Bakterien, Viren, Pilze, Archaeen oder Helminthen darstellen können (Vemuri et al., 2020). Den überwältigenden Großteil macht die Bakterienflora aus, welche die anderen Bestandteile der Mikrobiota um zwei bis drei Größenordnungen übertrifft. Hierbei weist das Kolon mit etwa $3,8 \times 10^{13}$ die mit Abstand höchste Zahl an Bakterienzellen im menschlichen Körper auf, welche mit der Gesamtzahl an humanen Körperzellen vergleichbar ist. Die mikrobielle Masse des Dickdarms beträgt etwa 0,2 kg (Sender et al., 2016). Analysen des Metagenoms ergaben eine Anzahl von etwa 22 Millionen mikrobiellen Genen im Darm (Tierney et al., 2019), was in etwa das Tausendfache des menschlichen Genoms entspricht (Valdes et al., 2018).

Die intestinale Mikrobiota setzt sich größtenteils aus den bakteriellen Phyla Actinobacteria, Fusobacteria, Proteobacteria, Verrucomicrobiota, Bacteroidetes und Firmicutes zusammen, wobei die beiden letzteren etwa 90 % der Darmmikrobiota repräsentieren. Das Phylum Firmicutes ist mit über 200 verschiedenen Genera wie z. B. *Lactobacillus, Enterococcus* oder *Clostridium* vertreten. Die vorherrschenden Gattungen bei Bacteroidetes stellen *Bacteroides* und *Prevotella* dar. Das Phylum Actinobacteria wird hauptsächlich durch *Bifidobacterium* repräsentiert (Rinninella et al., 2019). Die genaue Anzahl an bakteriellen Spezies im humanen GIT konnte bisher noch nicht bestimmt werden, wobei Schätzungen von über 1.000 Bakterienspezies ausgehen (Yang et al., 2020). Das intestinale Mykobiom wird u. a. durch die Genera *Candida, Saccharomyces, Fusarium* und *Aspergillus* gebildet. Die bedeutendsten Archaeen stellen die Methanogene wie z. B. *Methanobrevibacter smithii* dar. Das Virom beinhaltet neben Phagen auch enterische Viren wie z. B. *Bocavirus*, *Enterovirus* oder *Rotavirus* (Vemuri et al., 2020). Über 75.000 Virenspezies konnten bisher im menschlichen Darm identifiziert werden (Nayfach et al., 2021).

Die intestinale Mikrobiota unterscheidet sich in verschiedenen Abschnitten des Darms, abhängig von den dort jeweils herrschenden Umweltbedingungen. Der Dünndarm ist durch kurze Transitzeiten und eine hohe Gallensäure- sowie Sauerstoffkonzentration gekennzeichnet. Die jejunale und ileale Mikrobiota besteht daher vorrangig aus fakultativ anaeroben Bakterien wie z. B. *Streptococcus*, *Lactobacillus*, *Enterococcus* oder *Bacteroides*. Das Kolon ist dagegen durch längere Transitzeiten und geringere Sauerstoffgehalte charakterisiert, weshalb sich größtenteils obligat anaerobe Bakterien wie z. B. *Faecalibacterium prausnitzii*, *Bacteroides vulgatus* oder *Ruminococcus bromii* ansiedeln (Flint et al., 2012). Die mikrobielle Dichte nimmt im Verlauf des GIT deutlich zu, sodass der Dickdarm bei weitem die größte Mikrobiota beherbergt (Rinninella et al., 2019).

2.2.2 Analytik

Traditionell wurden zur Detektion und Quantifizierung von mikrobiellen Gemeinschaften diverse Kultivierungsmethoden angewendet (Brumfield et al., 2020). Mit diesen Verfahren lassen sich allerdings nur ein Bruchteil der Mikroorganismen in einer Probe kultivieren und charakterisieren, sodass heutzutage fast ausschließlich DNA-basierte Sequenzierungs-methoden („Next-Generation-Sequencing") zum Einsatz kommen (Beule, 2018). Die bedeutendsten Hochdurchsatzverfahren stellen hierbei die genspezifische Amplikon- sowie Schrotschuss-Sequenzierung dar (Ranjan et al., 2016).

Bevor diese Methoden angewendet werden können, müssen zuvor präanalytische Prozesse erfolgen, die mit der Probengewinnung ihren Anfang nehmen. Stuhlproben werden beim Patienten zu Hause oder stationär entnommen, ggf. fachgerecht gelagert und zum jeweiligen analytischen Labor transportiert, wo die Aufarbeitung und Lagerung der Probe bei z. B. -80 °C erfolgt. Des Weiteren muss vor der eigentlichen Sequenzierung eine DNA-Extraktion durchgeführt werden, wobei eine angemessene Extraktionsmethode angewendet werden sollte. Eine ordnungsgemäße und sorgfältige Durchführung dieser Schritte ist für die Qualität der Analyseergebnisse essenziell und sollte in der wissenschaftlichen Praxis einen hohen Stellenwert besitzen (Peter, 2016).

Die Amplikon-Sequenzierung basiert auf einer Amplifizierung der extrahierten DNA mittels PCR, in der durch Verwendung spezifischer Primer auf konservierte

Gene abgezielt wird. In Bezug auf Prokaryoten hat sich das 16S rRNA-Gen als genetischer Marker etabliert. Dieses Gen besteht aus neun hochkonservierten und neun hypervariablen Regionen, wobei erstere als Bindungsstellen der verwendeten Primer dienen. Letztere Abschnitte weisen bedeutende Sequenzunterschiede zwischen den einzelnen Prokaryoten auf, sodass durch Vergleich mit entsprechenden Gen-Datenbanken eine Identifikation von prokaryotischen Taxa in klinischen Proben möglich ist (Boers et al., 2019). Eine weitere Möglichkeit stellt das sogenannte „Clustering" dar, bei dem ähnliche DNA-Sequenzen in operationale taxonomische Einheiten (OTUs) zusammengefasst werden (Farowski und Vital, 2016). So wird bei einer Übereinstimmung von mindestens 99 % vom Vorhandensein einer Spezies ausgegangen, wobei dieser Grenzwert bei der Unterscheidung sehr eng verwandter Arten oft unzureichend ist (Jovel et al., 2016).

Bei der Schrotschuss-Sequenzierung entfällt die genspezifische PCR-Amplifikation. Die extrahierte DNA wird fragmentiert und direkt danach sequenziert, sodass theoretisch alle Gene einer Probe betrachtet werden können (Peter, 2016). Entsprechend ist man durch diese Methode in der Lage, nicht nur Bakterien oder Archaeen, sondern beispielsweise auch Viren, Pilze oder andere Eukaryoten zu identifizieren (Fricker et al., 2019). Darüber hinaus bietet dieses Verfahren die Möglichkeit, Mikroorganismen auch funktionell zu charakterisieren und damit potenzielle Stoffwechselwege aufzudecken (Boers et al., 2019). Im Vergleich zur Amplikon-Sequenzierung entstehen deutlich mehr Daten, sodass die bioinformatischen Anforderungen und Kosten signifikant höher sind (Fricker et al., 2019).

Wichtige Begriffe, welche für die Charakterisierung der Mikrobiota verwendet werden, sind die Alpha- und Beta-Diversität. Erstere wird verwendet, um die kompositionelle Komplexität einer einzelnen Probe zu beschreiben, wohingegen sich die Beta-Diversität auf die taxonomischen Unterschiede zwischen Proben bezieht. Eine Probe besitzt eine hohe Alpha-Diversität, wenn sie eine große Anzahl an Spezies aufweist, die innerhalb dieser gleichmäßig verteilt sind. Beim Vergleich zweier Proben ist die Beta-Diversität umso höher, je weniger Arten diese untereinander teilen (Finotello et al., 2018).

Zur Quantifizierung der Alpha-Diversität stehen zahlreiche Indices zur Verfügung, welche sich grob in drei Klassen einteilen lassen. Indices, die den Artenreichtum („richness") innerhalb einer Probe beschreiben, sind beispielsweise die Anzahl der beobachteten OTUs, ACE oder Chao1. Da durch die Probennahme und Sequenzierung einige seltene Spezies verloren gehen können, führt das simple Zählen der OTUs meistens zu einer Unterrepräsentation der wahren Speziesvielfalt. Letztere beiden Indices versuchen dies mit Schätzung der unbekannten Arten zu korrigieren. Die zweite Klasse („evenness") bezieht sich auf die gleichmäßige Verteilung der verschiedenen Spezies in einer Probe. Bekannte Indices stellen beispielsweisebeispielweise RLE oder Pielou´s Index dar. Zuletzt gibt es einige Indices, die sowohl die Artenvielfalt als auch deren Verteilung kombinieren („diversity"). Hier werden z. B. der Shannon-, Simpson- oder Berger-Parker-Index verwendet (Finotello et al., 2018). Faith´s PD ist ein Maß für die phylogenetische Diversität und betrachtet den gesamten Stammbaum, der von verwandten Spezies gebildet wird (Pellens und Grandcolas, 2016).

Die Beta-Diversität wird durch Indices wie z. B. die Bray-Curtis-Ungleichheit oder den Jaccard Similarity Index quantifiziert. Während erstere Kennzahl die Häufigkeit von Spezies in seine Berechnung miteinbezieht, wird durch letztere nur die An- und Abwesenheit von Arten betrachtet (Chen et al., 2021). Eine phylogenetische Analyse kann beispielsweise durch die UniFrac-Distanzmatrix erfolgen, wobei zwischen zwei Versionen unterschieden wird. Bei Berechnung der ungewichteten UniFrac-Distanzen werden nur Informationen über die An- und Abwesenheit von Spezies betrachtet, wohingegen die gewichtete Variante Daten über die Häufigkeit von Spezies in den untersuchten Proben verwendet (Chen et al., 2012).

2.2.3   Einflussfaktoren

Zahlreiche Faktoren beeinflussen die Zusammensetzung der intestinalen Mikrobiota. Einen modifizierbaren Schlüsselfaktor stellt hierbei die Ernährung dar, die dem Darm sowohl lebende Mikroorganismen als auch mikrobielle Substrate wie z. B. Ballaststoffe oder Proteine zur Verfügung stellt. Sowohl lang- als auch kurzfristige Ernährungsweisen können einen signifikanten Einfluss auf die mikrobielle Zusammensetzung des Darms nehmen (NASEM, 2018). Im engen Zusammenhang mit der Ernährung wurde für verschiedene BMI-Klassen gezeigt, dass die Diversität der intestinalen Mikrobiota mit zunehmendem BMI sinkt (Yun et al., 2017). Ebenfalls kann tägliches körperliches Training die Diversität des Darmmikrobioms erhöhen und beispielsweise das Wachstum von Firmicutes begünstigen (Rinninella et al., 2019).

Einen weiteren wichtigen Einflussfaktor stellt das Alter des jeweiligen Menschen dar. Man geht bisher davon aus, dass im Alter von ungefähr drei Jahren die Zusammensetzung der kindlichen Mikrobiota sehr ähnlich zu derjenigen von Erwachsenen ist und im weiteren Verlauf auch relativ stabil bleibt (Rinninella et al., 2019). Aktuelle Studien zeigen hingegen, dass die mikrobielle Komposition durchaus auch in den Folgejahren einer dynamischen Entwicklung unterliegen kann (Herman et al., 2020). Während die adulte Mikrobiota in Abwesenheit extremer Stressoren ziemlich stabil ist (Derrien et al., 2019), wird bei älteren Menschen eine reduzierte mikrobielle Diversität beobachtet. Hierbei kommt es zu einer vermehrten Akkumulation von proinflammatorischen Opportunisten (z. B. Enterobacteriaceae) und Verdrängung vorteilhafter Kommensale wie z. B. *Akkermansia* (Ragonnaud und Biragyn, 2021).

Weitere Faktoren, welche die Zusammensetzung der Mikrobiota beeinflussen können, sind mikrobielle Umwelteinflüsse, Genetik, Gesundheitsstatus, operative Eingriffe, medikamentöse Behandlungen, sozio-ökonomischer Status, Ethnizität und geographische Herkunft. Letztere drei Aspekte sind eng mit der Ernährung verbunden und könnten gemeinsam mit verschiedenen genetischen Voraussetzungen die mikrobiellen Unterschiede zwischen verschiedenen menschlichen Populationen erklären (NASEM, 2018). Antibiotika können tiefgreifende Effekte auf das intestinale Mikrobiom ausüben, indem sie beispielsweise dessen mikrobielle Diversität reduzieren und die metabolische Aktivität verschiedener Mikroorganismen beeinflussen (Ramirez et al., 2020).

Ebenfalls nehmen perinatale Faktoren wie beispielsweise das Gestationsalter einen bedeutenden Einfluss auf die Mikrobiota des Säuglings (Rinninella et al., 2019). So unterscheidet sich die mikrobielle Zusammensetzung des Darms zwischen Frühgeborenen und Normalgeborenen signifikant. Dies zeigt sich bei Ersteren in einer geringeren Diversität und einem erhöhten Vorhandensein potenziell pathogener Bakterien (Arboleya et al., 2012). Ebenfalls könnte der Geburtsmodus einen großen Einfluss auf die Entwicklung der neonatalen Mikrobiota haben. Analysen des Mekoniums von vaginal entbundenen Neugeborenen zeigten eine starke Korrelation mit der mikrobiellen Zusammensetzung der mütterlichen Vagina auf. Durch Kaiserschnitt geborene Babys erwerben vorrangig Bakterien, die von der Krankenhausumgebung sowie der Haut der Mutter stammen und weisen eine geringere Diversität ihrer intestinalen Mikrobiota auf (Rinninella et al., 2019). Dieser Zusammenhang wird durch unzureichende Kausalität aber auch kritisch gesehen (NASEM, 2018). Des Weiteren besitzen gestillte Säuglinge im Vergleich zu denjenigen, die Formula-Nahrung erhalten, eine günstigere Mikrobiota-Zusammensetzung (v. a. *Bifidobacteria)*, welche einen positiven Effekt auf die Reifung des infantilen Immunsystems hat (Ma et al., 2020).

2.2.4 Funktionen

Die intestinale Mikrobiota lebt mit dem humanen Wirtsorganismus in einer symbiotischen Beziehung, welche aus einem komplexen Zusammenspiel aus metabolischen, immunologischen und neuroendokrinen Faktoren besteht. So spielt die Darmmikrobiota eine essenzielle Rolle bei der Metabolisierung von löslichen Ballaststoffen und resistenter Stärke (Kho und Lal, 2018). Durch diese Fermentationsprozesse werden Gase und kurzkettige Fettsäuren (SCFAs) produziert, unter denen Acetat, Propionat und Butyrat die wichtigsten Verbindungen darstellen (Valdes et al., 2018). Diese werden vom Wirt u. a. zur Energiegewinnung genutzt, wobei Butyrat die Hauptenergiequelle der humanen Kolonozyten darstellt (Kho und Lal, 2018). Letztere Fettsäure ist darüber hinaus essenziell am Aufbau der intestinalen Tight-Junctions beteiligt, die für die Aufrechterhaltung der Darmbarriere essenziell sind (Chambers et al., 2018).

Acetat kann in Hepatozyten sowie Adipozyten zur Lipogenese verwendet werden und spielt zudem eine Rolle in der zentralen Hunger-Sättigungsregulation. Propionat ist in der Lage, enteroendokrine L-Zellen zur Freisetzung der Sättigungshormone PYY und GLP-1 zu stimulieren (Chambers et al., 2018) und reguliert zudem die Gluconeogenese in der Leber (Valdes et al., 2018). Beispiele für SCFA-produzierende Bakterien stellen *Akkermansia* (Propionat und Acetat), *Bifidobacterium* (Acetat und Laktat) oder *Roseburia* (Butyrat) dar (Parada Venegas et al., 2019).

Des Weiteren ist die intestinale Mikrobiota in der Lage, Vitamine wie z. B. Biotin, Cobalamin, Folsäure, Riboflavin oder Vitamin K2 zu produzieren (Das et al., 2019). Darüber hinaus ist die Darmmikrobiota maßgeblich an der Produktion von sekundären Gallensäuren beteiligt, welche durch mikrobielle Hydrolasen aus primären Gallensäuren entstehen (Kho und Lal, 2018). Überdies kann das intestinale Mikrobiom auch pharmazeutisch genutzt werden, indem es Prodrugs aktiviert oder bestimmte Reaktionen des Fremdstoffmetabolismus katalysiert (Wilson und Nicholson, 2017). Eine weitere wichtige Funktion der intestinalen Mikrobiota stellt die Kolonisationsresistenz dar. Hierunter versteht man den Schutz des Wirts vor Ansiedelung pathogener Eindringlinge und die Hemmung des übermäßigen Wachstums vorhandener Pathobionten. Dies kann entweder durch Konkurrenz um Nischen und Nährstoffe oder durch Förderung immunologischer Mechanismen des Wirts wie z. B. die Produktion antimikrobieller Peptide geschehen (Kho und Lal, 2018).

Die Interaktion mit dem humanen Immunsystem stellt eine Schlüsselfunktion des intestinalen Mikrobioms dar. So ist dieses sowohl an der Entwicklung und Reifung des kindlichen Immunsystems (Zheng et al., 2020) als auch an der lebenslangen Regulation von lokalen und systemischen Immunantworten beteiligt (Kho und Lal, 2018). Hierbei interagiert das Mikrobiom mit einer Vielzahl von Immunzellen (z. B. dendritischen Zellen, Makrophagen, T-Zellen) und löst hierüber sowohl tolerogene als auch inflammatorische Immunantworten aus. Die

Mikrobiota ist wesentlich an der Balance zwischen diesen beiden Ausprägungen beteiligt und ist somit essenziell für die Aufrechterhaltung der intestinalen Immunhomöostase. Eine Dysbiose kann dazu führen, dass dieses Gleichgewicht verschoben wird und proinflammatorische Immunantworten dominieren. Dies ist beispielsweise bei chronisch entzündlichen Darmerkrankungen der Fall (Biedermann und Volz, 2016).

Solch eine Dysbiose kann aber nicht nur Einfluss auf lokale Gewebe, sondern auch auf entferntere Organe ausüben (Boziki et al., 2020). So besteht zwischen GIT und ZNS eine bedeutende bidirektionale Kommunikation, die sog. „gut-brain axis". Diese Kommunikationsachse, die neben dem Immunsystem auch metabolische, nervale und neuroendokrine Elemente enthält, kann durch ein dysbiotisches Mikrobiom fehlreguliert werden, wodurch pathophysiologische Prozesse im ZNS gefördert werden. Auf Grundlage dessen wird dem Mikrobiom eine Beteiligung bei Erkrankungen wie z. B. MS zugeschrieben (Rutsch et al., 2020).

Methoden 3

Für die strukturierte Literaturrecherche der vorliegenden Fragestellungen wurde die Datenbank „Pubmed", die Suchmaschine „Google Scholar" und „FINDEX" der Fachhochschule Münster verwendet. Es wurden nur Quellen in englischer oder deutscher Sprache eingeschlossen, die ein Peer-Review-Verfahren durchlaufen haben. Sofern verfügbar, beschränkte sich die Auswahl der Quellen auf Primärliteratur. Der Zeitraum der Literaturrecherche erstreckte sich vom September 2021 bis März 2022.

Für Abschnitt 4.1 wurden Studien inkludiert, welche die Zusammensetzung der intestinalen Mikrobiota von MS-Patienten (alle Verlaufsformen) mit derjenigen von gesunden Kontrollen verglichen haben. Es wurden ausschließlich klinische Studien eingeschlossen, welche die Beschaffenheit der Darmmikrobiota mittels fäkaler Proben oder intestinaler Biopsien untersuchten. Taxon-spezifische Unterschiede zwischen MS-Patienten und gesunden Kontrollen wurden auf signifikante Ergebnisse beschränkt ($p < 0{,}05$; $Q_{FDR} < 0{,}05$). Ausschlusskriterien waren folgende: Veröffentlichung vor 2010, präklinische Studien, Preprints, Sekundär- oder Tertiärliteratur, Fehlen der gesunden Kontrollgruppe, alleinige Betrachtung extraintestinaler Mikrobiota und ausschließliche Analyse der Mikrobiota während des Einflusses einer Mikrobiom-modulierenden Intervention (z. B. Probiotika, DMT). Die Literaturrecherche wurde mit folgenden Stichwörtern durchgeführt: „Multiple Sclerosis" OR „RRMS" OR „PPMS" OR „SPMS" AND „gut microbiota" OR „intestinal microbiota" OR „gut microbiome" OR „intestinal microbiome" OR „gut bacteria" OR "dysbiosis" AND „healthy controls" OR „controls" OR „control group".

Für Abschnitt 4.2 wurde eine Mischung aus Schneeballsystem und konkreter Online-Recherche angewandt. Hierbei wurde v. a. die in Reviews angegebene Literatur gesichtet, um geeignete Primärquellen für die mechanistischen Zusammenhänge zu finden. Hierbei wurden sowohl in-vitro-Studien als auch Publikationen mit MS-relevanten Tier- und Humanmodellen eingeschlossen. Auf die detaillierte Beschreibung der Suchbegriffe, welche für die Online-Recherche verwendet wurden, wird aufgrund der umfangreichen Thematik in diesem Kapitel verzichtet.

Für die Fragestellungen in Abschnitt 4.3 wurden Studien inkludiert, welche die Auswirkungen von Mikrobiom-assoziierten Interventionen auf MS-relevante Endpunkte wie z. B. EDSS-Score, klinischer EAE-Score, EAE-Inzidenz oder histologische Parameter untersuchten. Hierbei wurden sowohl klinische als auch präklinische Studien eingeschlossen, wobei letztere ein etabliertes Tiermodell für MS verwenden mussten. Des Weiteren wurden nur präklinische Studien inkludiert, die ihre Ergebnisse mit einer entsprechenden Kontrollgruppe verglichen. Ausschlusskriterien waren reine in-vitro-Studien sowie Publikationen mit keimfreien Tiermodellen, da letztere kein klinisch relevantes Szenario darstellen.

Ebenso wurden Studien mit extraintestinalem Applikationsweg und entsprechender Umgehung der Mikrobiota ausgeschlossen. Eine Ausnahme stellt hierbei die Gabe von Postbiotika dar, da diese Verbindungen natürliche Produkte der Mikrobiota darstellen, die in Folge in den systemischen Kreislauf gelangen können. In Abschnitt 4.3.2 wurden nur Studien mit Veröffentlichungsjahr ab 2010 inkludiert, um den Rahmen dieser Arbeit nicht zu übersteigen. Die fäkalen Transplantate in Abschnitt 4.3.5 mussten zudem von gesunden Donoren stammen.

Ergebnisse

4

4.1 Zusammensetzung der intestinalen Mikrobiota bei MS-Patienten

Insgesamt wurde eine Anzahl von 19 Fall-Kontroll-Studien inkludiert, wobei im Zuge der Literaturrecherche keine anderen Studiendesigns ausgemacht werden konnten. Die Ergebnisse der eingeschlossenen Publikationen sind in Tabelle 4.1 aufgelistet und werden bezüglich Diversität und taxonomischer Unterschiede in den folgenden Unterkapiteln zusammengefasst.

4.1.1 Diversität

Bis auf Cantarel et al. (2015) war die Bestimmung der Alpha-Diversität Bestandteil jeder aufgeführten Studie. Der Großteil der Publikationen konnte hierbei keinen signifikanten Unterschied zwischen MS-Patienten und gesunden Kontrollen feststellen, wohingegen fünf Paper von gegenteiligen Ergebnissen berichteten (siehe Tab. 4.1). In der Studie von Choileain et al. (2020) konnte bei Betrachtung des Shannon-Index eine moderate, aber signifikante Reduktion der Alpha-Diversität bei RRMS-Patienten im Vergleich zu gesunden Kontrollen beobachtet werden. Kozhieva et al. (2019) verglichen insgesamt zwölf Alpha-Diversitäts-indices miteinander und fanden bei insgesamt vier Kennzahlen (beobachtete OTUs, Berger-Parker, Flyvbjerg, Mirror) signifikante Unterschiede zwischen PPMS-Patienten und gesunden Kontrollen, welche auf eine höhere Alpha-Diversität bei MS-Kranken hindeutet. Reynders et al. (2020) konnten einen signifikanten Unterschied (p = 0,019) bei den beobachteten OTUs zwischen Patienten mit benigner MS und der gesunden Kontrollgruppe feststellen. Saresella

© Der/die Autor(en), exklusiv lizenziert an Springer Fachmedien Wiesbaden GmbH, ein Teil von Springer Nature 2023
S. Dittrich, *Das intestinale Mikrobiom bei Multipler Sklerose*, Forschungsreihe der FH Münster, https://doi.org/10.1007/978-3-658-42499-2_4

et al. (2020) fanden durch den Simpson-Index eine signifikant geringere Alpha-Diversität (p = 0,004) bei Patienten mit SPMS vor. Als bisher einzige Studie betrachteten Shah et al. (2021) das intestinale Mykobiom und konnten sowohl auf Genus-Ebene als auch bei Betrachtung des Shannon-Index eine signifikant höhere (p < 0,05) Alpha-Diversität bei MS-Patienten im Vergleich zu gesunden Kontrollen feststellen.

Darüber hinaus wurden in manchen Studien spezielle Subgruppen von MS-Patienten definiert und bezüglich der Alpha-Diversität mit gesunden Kontrollen verglichen. So unterteilten sowohl Chen et al. (2016) als auch Cosorich et al. (2017) RRMS-Erkrankte nach ihrer aktuellen Krankheitsaktivität, sodass eventuelle Unterschiede zwischen Schub- und Remissionsphase entdeckt werden können. Takewaki et al. (2020) stellten RRMS, SPMS, AMS und NMOSD gegenüber, wohingegen sich die Stichprobe bei Ventura et al. (2019) aus drei verschiedenen Ethnien (Afro-Amerikaner, Kaukasier und Hispanics) zusammensetzte. Keiner dieser Studien konnte einen signifikanten Unterschied in der Alpha-Diversität zwischen den untersuchten Subgruppen und den gesunden Kontrollen feststellen. Chen et al. (2016) beobachteten aber den Trend eines geringeren Speziesreichtums bei RRMS-Patienten in der Schubphase.

Insgesamt 14 der inkludierten Studien betrachteten darüber hinaus die Beta-Diversität, wobei als Indices v. a. die UniFrac-Distanzmatrix und Bray-Curtis-Ungleichheit zum Einsatz kamen. Während vier Publikationen keine signifikanten Unterschiede in der mikrobiellen Gesamtstruktur zwischen MS- bzw. RRMS-Patienten und gesunden Kontrollen feststellen konnten, wurden von den restlichen Studien signifikante (Teil-)Ergebnisse beschrieben (siehe Tab. 4.1). Miyake et al. (2015), Storm-Larsen et al. (2019) als auch Takewaki et al. (2020) zeigten mittels UniFrac signifikante Unterschiede (p < 0,05) zwischen RRMS-Patienten und Kontrollen auf. Letztere Publikation berichtete dies auch für SPMS-Patienten (p = 0,03). Choileain et al. (2020) stellten nur bei der ungewichteten UniFrac-Distanz ein signifikantes Ergebnis bei RRMS-Patienten fest (p = 0,01). Chen et al. (2016) sowie Reynders et al. (2020) konnten mithilfe der Bray-Curtis-Ungleichheit einen signifikanten Unterschied zwischen den jeweiligen Fall- und Kontrollgruppen entdecken, während Saresella et al. (2020) diesen mittels des „Jaccard Similarity Index" nachwiesen (p < 0,0001). Die Mykobiom-Studie von Shah et al. (2021) zeigte mithilfe der Bray-Curtis-Ungleichheit ebenfalls einen signifikanten Unterschied (p = 0,04) zwischen MS-Patienten und gesunden Kontrollen auf.

Darüber hinaus konnten durch die Betrachtung von bestimmten Subgruppen signifikante Ergebnisse beobachtet werden. So unterteilten Tremlett et al. (2016)

ihre Teilnehmer in unbehandelte und behandelte Patienten, wodurch nach multivariater Analyse ein signifikanter Unterschied in der Beta-Diversität ($p = 0,012$) zum Vorschein kam. Ventura et al. (2019) konnten bei hispanischen MS-Patienten eine signifikante Abweichung zur Kontrollgruppe beobachten ($p = 0,003$), welche bei Kaukasiern und Afro-Amerikanern nicht vorhanden war. Bei der Unterteilung der Betroffenen in die derzeit herrschende Krankheitsaktivität offenbarte sich bei Chen et al. (2016) ein annähernd signifikanter Unterschied in der mikrobiellen Zusammensetzung zwischen Patienten in der Schub- und Remissionsphase ($p = 0,05$). Die Mikrobiota von Studienteilnehmern in letztgenannter Phase war derjenigen von gesunden Kontrollen ähnlich ($p = 0,06$).

4.1.2 Taxonomische Unterschiede

Neben der Diversität wurde von den eingeschlossenen Studien auch das relative Vorkommen von Mikroorganismen auf bestimmten taxonomischen Stufen bestimmt und zwischen MS-Patienten und gesunden Kontrollen verglichen (siehe Tab. 4.1). Mit Ausnahme der Publikation von Shah et al. (2021), die ein erhöhtes Vorhandensein der Pilzgattungen *Aspergillus* und *Saccharomyces* bei MS-Kranken feststellten, war das Mykobiom bei keiner anderen Studie Gegenstand der Untersuchung. In der Domäne der Archaeen konnten bei *Methanobrevibacter* signifikante Unterschiede entdeckt werden. So berichteten sowohl Jangi et al. (2016) als auch Reynders et al. (2020) von einem erhöhten Vorkommen dieser Gattung in ihrer jeweiligen Fallgruppe. Choileain et al. (2020) kamen hierbei allerdings zu einem gegenteiligen Ergebnis.

Bei den Bakterien wurden Unterschiede auf Phylum-Ebene im Vergleich zu niedrigeren Rangstufen seltener beobachtet. Im Zuge der Literaturrecherche konnten zwei Studien ausgemacht werden, die von einer statistisch signifikanten Abweichung des Phylums Firmicutes berichteten. Castillo-Alvarez et al. (2021) stellten bei RRMS-Patienten ein erhöhtes Vorkommen von Bakterien dieser Abteilung fest. Cosorich et al. (2017) verglichen RRMS-Patienten in der Remissions- und Schubphase miteinander und konnten bei Letzteren ein signifikant höheres Vorhandensein ($p < 0,05$) von Firmicutes beobachten. Miyake et al. (2015) sowie Choileain et al. (2020) stellten dagegen einen nicht signifikanten, aber deutlich sinkenden Trend bei MS-Patienten im Vergleich zu den Kontrollen fest.

Innerhalb dieses Phylums sind einige Diskrepanzen zwischen den inkludierten Studien zu erkennen. Während beispielsweise Ventura et al. (2019) ein signifikant erhöhtes Vorkommen von *Clostridium* bei RRMS-Patienten feststellten, war diese Gattung in der Studie von Choileain et al. (2020) signifikant erniedrigt. Miyake et al. (2015) konnten bei RRMS-Patienten ein verringertes Vorhandensein von *Clostridium* Cluster XIVa und IV feststellen, wohingegen sowohl Sterlin et al. (2021) als auch Reynders et al. (2020) ein erhöhtes Vorkommen des zuletzt genannten Clusters bei ihren Studienteilnehmern beobachteten. Letztere Publikation konnte dies bei unbehandelten RRMS-Patienten auch für *Clostridium* Cluster XVIII zeigen.

Bei den Ruminokokken fehlt ebenfalls die Konsistenz zwischen den eingeschlossenen Studien. So berichteten Tremlett et al. (2016) und Choileain et al. (2020) von einem signifikant verringerten Vorkommen von Ruminococcaceae bei RRMS-Patienten, wohingegen Galluzzo et al. (2021) ein vermehrtes Auftreten bei beiden der untersuchten EDSS-Untergruppen feststellten. Kozhieva et al. (2019) beobachteten ein erhöhtes Vorhandensein von unklassifizierten Ruminococcaceae bei PPMS-Patienten. Ebenfalls herrscht bei der Gattung *Ruminococcus* eine unklare Studienlage vor.

Faecalibacterium war bei Cantarel et al. (2015), Miyake et al. (2015) und Storm-Larsen et al. (2019) erniedrigt, wohingegen Castillo-Alvarez et al. (2021) eine konträre Erhöhung bei RRMS-Patienten feststellten. Bei *Streptococcus* scheint die Studienlage übereinstimmender zu sein. Takewaki et al. (2020) zeigten, dass diese Gattung bei RRMS- und SPMS-Patienten signifikant erhöht ist. Saresella et al. (2020) konnten dies ebenfalls bei RRMS-Patienten beobachten. Cosorich et al. (2017) stellten ein erhöhtes Vorhandensein dieser Gattung ausschließlich bei Studienteilnehmern in der Schubphase fest, wenn diese mit MS-Kranken in Remission verglichen wurden.

Bei den Gattungen *Blautia* und *Dorea* konnten die meisten der inkludierten Studien ein erhöhtes Vorkommen bei RRMS-Patienten aufzeigen. Eine Ausnahme stellt hierbei die Publikation von Saresella et al. (2020) dar, welche eine Reduktion von *Blautia* bei RRMS- und SPMS-Patienten sowie von *Dorea* bei Studienteilnehmern mit SPMS feststellten. Tremlett et al. (2016) beobachteten darüber hinaus ein signifikant geringeres Vorhandensein der über-geordneten Familie Lachnospiraceae. Die darin enthaltene Gattung *Roseburia* war in den Studien von Takewaki et al. (2020) und Saresella et al. (2020) bei SPMS- bzw. SPMS- und RRMS-Patienten erniedrigt.

Bei Betrachtung des Phylums Bacteroidetes sind keine konsistenten Ergebnisse vorhanden. Während Choileain et al. (2020) ein erhöhtes Vorkommen bei RRMS-Patienten beobachteten, sind die genannten Bakterien bei Takewaki et al. (2020) erniedrigt. Miyake et al. (2015) stellten hierbei einen nicht signifikanten, aber deutlich abnehmenden Trend in der Fallgruppe fest. Innerhalb dieses Phylums wird von einigen der inkludierten Studien übereinstimmend von einem verringerten Vorkommen der Gattung *Prevotella* bei MS-Kranken berichtet. Während Miyake et al. (2015) dies bei der Gesamtheit ihrer RRMS-Patienten beobachteten, konnten Cosorich et al. (2017) dies bei Studienteilnehmern in der Schubphase aufzeigen, als sie diese mit Patienten in der Remission verglichen. Die ethnische Subgruppe der Hispanics wies laut Ventura et al. (2019) ebenfalls eine Reduktion auf. Jangi et al. (2016) stellten eine Abnahme von *Prevotella* bei unbehandelten Studienteilnehmern fest. Als letztgenannte Gruppe mit Patienten unter DMT-Therapie verglichen wurde, wiesen die immuntherapeutisch behandelten Studienteilnehmer ein signifikant höheres Vorkommen dieser Bakteriengattung auf. Demgegenüber sind bei *Prevotella copri* keine übereinstimmenden Ergebnisse vorhanden.

Beim Phylum Actinobacteria wurden durch die Studien von Chen et al. (2016), Castillo-Alvarez et al. (2021) sowie Tremlett et al. (2016) signifikante Unterschiede zwischen RRMS-Patienten und gesunden Kontrollen entdeckt. Während die beiden letztgenannten Publikationen ein erhöhtes Vorhandensein in den Fallgruppen beobachteten, zeigte erstere Publikation ein konträres Ergebnis auf. Miyake et al. (2015) stellten einen nicht signifikanten, aber eindeutig erhöhten Trend bei RRMS-Patienten fest.

Gemeinsamkeiten zwischen den inkludierten Studien lassen sich zudem bei *Bifidobacterium* finden. So stellten sowohl Takewaki et al. (2020) als auch Tremlett et al. (2016) ein signifikant höheres Vorkommen bei RRMS-Patienten fest. Castillo-Alvarez et al. (2021) konnten eine Erhöhung bei *Bifidobacterium longum* beobachten. *Collinsella* war sowohl bei Chen et al. (2016) in der RRMS-Gruppe als auch bei Jangi et al. (2016) in der Untergruppe der unbehandelten RRMS-Patienten erniedrigt. Letztere Studie konnte dies ebenfalls für *Slackia* zeigen, während Ventura et al. (2019) ein verringertes Vorkommen nur bei hispanischen MS-Kranken feststellten.

Bei Betrachtung der Proteobakterien berichteten Galluzzo et al. (2021), Kozhieva et al. (2019) als auch Tremlett et al. (2016) von einem vermehrten Auftreten der Sulfat-reduzierenden Bakterien Desulfovibrionaceae bzw. *Desulfovibrio*, wobei sich diese Studienergebnisse auf unterschiedliche Gruppen (EDSS 1–4.5, PPMS, RRMS) beziehen. Auch weitere Gattungen wie z. B. *Acinetobacter*, *Bilophila*, *Mycoplana*, *Pseudomonas* oder *Sutterella* waren in einzelnen Studien bei RRMS-Patienten erhöht. Jangi et al. (2016) beobachteten darüber hinaus ein signifikant erhöhtes Vorkommen des Phylums Verrucomicrobiota bei RRMS-Erkrankten. Auch niedrigere Rangstufen (Verrucomicrobiales, Verrucomicrobiaceae) konnten durch Ventura et al. (2019) und Kozhieva et al. (2019) im erhöhten Maße bei MS festgestellt werden.

Tab. 4.1 Studien zur Zusammensetzung der intestinalen Mikrobiota bei MS-Patienten im Vergleich mit gesunden Kontrollen

Referenz	Population	Therapie	Alpha-Diversität	Beta-Diversität	Taxa in MS ↑	Taxa in MS ↓
Berer et al. (2017)	n = 34 MS, davon: n = 22 RRMS n = 7 SPMS n = 3 KIS n = 2 PPMS n = 34 HC	n = 13 IFN-β n = 4 NZ n = 1 GA n = 1 AT n = 15 UT	Faith's PD: MS vs. HC: p > 0,05	UniFrac (w): MS vs. HC: p > 0,05	Akkermansia muciniphila (UT)	Bacteroidaceae Faecalibacterium
Cantarel et al. (2015)	n = 4 RRMS, n = 8 HC	n = 2 GA n = 2 UT	n.u.	UniFrac (w): RRMS vs. HC: p = 0,74	Ruminococcus	
Castillo-Alvarez et al. (2021)	n = 30 RRMS n = 14 HC	n = 15 IFN-β n = 15 UT	Alpha-Index: RRMS vs. HC: p = 0,082	n.u.	Actinobacteria Firmicutes B. longum Blautia Faecalibacterium Ruminococcus	Lentispaerae Proteobacteria Bacteroides Eubacterium eligens Prevotella copri
Cekanaviciute et al. (2017)	n = 71 RRMS n = 71 HC	n = 71 UT	Chao1: RRMS vs. HC: n.s.	UniFrac (uw): RRMS vs. HC: n.s.	Acinetobacter Akkermansia muciniphila	Parabacteroides
Chen et al. (2016)	n = 31 RRMS, davon: n = 19 RP n = 12 AP n = 36 HC	n = 14 IFN-β n = 5 NZ n = 1 GA n = 11 UT	Beobachtete OTUs: RRMS vs. HC: p = 0,73 AP vs. HC: p = 0,1 Shannon-Index: AP vs. HC: p = 0,2	Bray-Curtis: RRMS vs. HC: p < 0,001 AP vs. RP: p = 0,05 RP vs. HC: p = 0,06	Blautia Dorea Mycoplana Pedobacter Pseudomonas	Actinobacteria Adlercreutzia Collinsella Lactobacillus Parabacteroides

(Fortsetzung)

Tab. 4.1 (Fortsetzung)

Referenz	Population	Therapie	Alpha-Diversität	Beta-Diversität	Taxa in MS ↑	Taxa in MS ↓
Choileain et al. (2020)	n = 26 RRMS n = 39 HC	n = 26 UT	Shannon-Index: RRMS vs. HC: p < 0,05	UniFrac (uw): RRMS vs. HC: p = 0,01 UniFrac (w): RRMS vs. HC: p = 0,16	Bacteroidetes	*Clostridium* *Coprococcus* *Methanobrevibacter* *Paraprevotella* Ruminococcaceae
Cosorich et al. (2017)	n = 19 RRMS, davon: n = 10 AP n = 9 RP n = 17 HC	n = 9 GA n = 7 IFN-β n = 3 FTY	Beobachtete OTUs: RRMS vs. HC: n.s. AP vs. RP: n.s.	n.u.	Firmicutes (AP vs. RP) *Streptococcus* (AP vs. RP)	*Prevotella* (AP vs. RP)
Galluzzo et al. (2021)	n = 15 MS, davon: n = 9 RRMS (EDSS 1–4,5) n = 5 RRMS (EDSS 5–7) n = 1 PPMS n = 15 HC	k.A.	ACE/Chao1: MS vs. HC: n.s. Simpson-/ Shannon-Index: MS vs. HC: n.s.	n.u.	Akkermansiaceae (EDSS 5–7) Christensenellaceae (EDSS 1–4,5 + 5–7) Desulfovibrionaceae (EDSS 1–4,5) Ruminococcaceae (EDSS 1–4,5 + 5–7)	Bacteroidaceae (EDSS 1–4,5) Veillonellaceae (EDSS 5–7)
Jangi et al. (2016)	n = 60 RRMS n = 43 HC	n = 18 IFN-β n = 14 GA n = 28 UT	Shannon-Index: RRMS vs. HC: n.s.	UniFrac (w, uw): RRMS vs. HC: n.s.	Euryarchaeota Verrucomicrobiota *Akkermansia* *Methanobrevibacter* (T vs. UT) *Prevotella* (T vs. UT) *Sutterella* (T vs. UT)	*Butyricimonas* *Collinsella* (UT) *Prevotella* (UT) *Slackia* (UT) *Sarcina* (T vs. UT)

(Fortsetzung)

Tab. 4.1 (Fortsetzung)

Referenz	Population	Therapie	Alpha-Diversität	Beta-Diversität	Taxa in MS ↑	Taxa in MS ↓
Kozhieva et al. (2019)	n = 15 PPMS, n = 15 HC	n = 15 UT	Beobachtete OTUs: PPMS vs. HC: 163 vs. 129; p = 0,03. Berger-Parker: PPMS vs. HC: 0,13 vs. 0,16; p = 0,03	n.u.	Acidaminococcaceae Desulfovibrionaceae Eubacteriaceae Ruminococcaceae (unc.) Verrucomicrobiaceae Gemmiger sp.	
Miyake et al. (2015)	n = 20 RRMS, n = 50 HC	n = 8 IFN-β, n = 4 PSL, n = 1 IFN-β + PSL, n = 7 UT	Beobachtete OTUs/ Chao1: RRMS = 126,9/172,8 HC = 129,4/184,8 Beide n.s. Shannon-Index: HC = 3,39 ± 0,29 RRMS = 3,29 ± 0,46	UniFrac (w, uw): RRMS vs. HC: p < 0,05		Anaerostipes Clostridium Cluster IV, XIVa Faecalibacterium Prevotella
Reynders et al. (2020)	n = 98 MS, davon: n = 26 PPMS, n = 24 RRMS_IFN-β, n = 24 RRMS_UT, n = 20 BMS, n = 4 RRMS_AP, n = 120 HC	n = 24 IFN-β, n = 74 UT	Beobachtete OTUs: MS vs. HC: n.s. BMS vs. HC: p = 0,019 Pielou's Index: MS vs. HC: p > 0,5	Bray-Curtis: MS vs. HC: p = 0,027	Clostridium Cluster IV Clostridium Cluster XVIII (RRMS_UT) Methanobrevibacter Sporobacter	Butyricicoccus Gemmiger

(Fortsetzung)

Tab. 4.1 (Fortsetzung)

Referenz	Population	Therapie	Alpha-Diversität	Beta-Diversität	Taxa in MS ↑	Taxa in MS ↓
Saresella et al. (2020) Suppl. Table 1 Suppl. Fig. 1	n = 38 MS, davon: n = 26 RRMS n = 12 SPMS n = 38 HC	n = 16 DMT n = 22 UT	Simpson-/Shannon-Index: MS vs. HC: p > 0,05 Inverser Simpson-Index: SPMS vs. HC: p = 0,004	Jaccard Similarity Index: MS vs. HC: p < 0,0001	*Collinsella* (MS + SPMS) *Eubacterium* *Streptococcus* (RRMS)	*Blautia* *Coprococcus* *Dorea* (SPMS) *Lachnospira* (RRMS) *Parabacteroides* (RRMS) *Roseburia* *Ruminococcus* (RRMS)
Shah et al. (2021)	n = 25 MS, davon: n = 21 RRMS n = 2 PPMS n = 1 SPMS n = 1 KIS n = 22 HC	n = 25 UT	Beobachtete Genera: MS vs. HC: p = 0,041 Shannon-Index: MS vs. HC: p = 0,043	Bray-Curtis: MS vs. HC: p = 0,04	*Aspergillus* *Saccharomyces*	
Sterlin et al. (2021)	n = 30 RRMS n = 15 KIS n = 32 HC	n = 8 IFN-β n = 6 GA n = 1 MX n = 1 MPS n = 1 NZ n = 28 UT	Shannon-Index: RRMS vs. HC: 0,53 [0,39–0,61] vs. 0,51 [0,30–0,59]; p = 0,19	n.u.	*Clostridium* Cluster IV (RRMS)	
Storm-Larsen et al. (2019)	n = 36 RRMS n = 165 HC	n = 3 IFN-β n = 2 GA n = 2 TF n = 29 UT	Shannon-Index: RRMS vs. HC: p = 0,91	UniFrac (w): RRMS vs. HC: p = 0,01		*Faecalibacterium*

(Fortsetzung)

Tab. 4.1 (Fortsetzung)

Referenz	Population	Therapie	Alpha-Diversität	Beta-Diversität	Taxa in MS ↑	Taxa in MS ↓
Takewaki et al. (2020) Suppl. Table S1	n = 62 RRMS n = 15 SPMS n = 21 AMS n = 20 NMOSD n = 55 HC	n = 67 PSL n = 28 IFN-β n = 7 FTY n = 3 DMF n = 1 NZ	Beobachtete OTUs/ Shannon-Index/ Chao1: Alle Gruppen-Kombinationen (Spalte 2): p > 0,05	UniFrac (w, uw): RRMS vs. HC: p = 0,01 UniFrac (uw): SPMS vs. HC: p = 0,03	*Akkermansia muciniphila* (RRMS) *Bifidobacterium* (RRMS) *Streptococcus* (RRMS + SPMS)	Bacteroidetes (RRMS) *Megamonas* (RRMS) *Roseburia* (SPMS)
Tremlett et al. (2016) Suppl. Table 4A, 4B	n = 18 RRMS n = 17 HC	n = 5 GA n = 3 IFN-β n = 1 NZ n = 9 UT	Beobachtete OTUs: RRMS vs. HC: p > 0,05 Faith's PD: RRMS vs. HC: p > 0,05	Bray-Curtis: RRMS vs. HC: p = 0,22 UT vs. T vs. HC: p = 0,012	Actinobacteria (RRMS + T) *Bifidobacterium* *Bilophila* Christensenellaceae *Desulfovibrio* *Prevotella copri*	Lachnospiraceae Ruminococcaceae
Ventura et al. (2019)	n = 45 RRMS, davon: n = 16 HP n = 15 KK n = 14 AA n = 44 HC	n = 4 GKS n = 41 UT	Faith's PD: HP, KK, AA vs. HC: p > 0,05	UniFrac (uw): KK vs. HC: p > 0,05 AA vs. HC: p > 0,05 HP vs. HC: p = 0,003	Verrucomicrobiales (KK) *Adlercreutzia* (HP + AA) *Akkermansia* (KK) *Blautia* (HP) *Clostridium* (HP) *Dorea* (HP)	*Bacteroides xylanisolvens* *Lachnospira* (HP) *Prevotella* (HP) *Slackia* (HP)

Soweit nicht anders angegeben, beziehen sich die aufgelisteten Taxa auf den Vergleich zwischen MS-Patienten und gesunden Kontrollen. AA = Afro-Amerikaner; ACE = Abundance-based coverage estimator; AMS = Atypische Multiple Sklerose; AP = Aktive Phase; AT = Azathioprin; B = *Bifidobacterium*; BMS = Benigne Multiple Sklerose; DMF = Dimethylfumarat; DMT = Disease modifying treatment; EDSS = Expanded disability status scale; Fig. = Figure; FTY = Fingolimod; GA = Glatirameracetat; GKS = Glukokortikosteroide; HC = Healthy controls; HP = Hispanics; IFN-β = Interferon-beta; k.A. = keine Angabe; KIS = Klinisch isoliertes Syndrom; KK = Kaukasier; MPS = Methylprednisolon; MS = Multiple Sklerose; MX = Mitoxantron; NMOSD = Neuromyelitis optica spectrum disorder; PPMS = Primary progressive multiple sclerosis; RRMS = Relapsing remitting multiple sclerosis; n.s. = nicht signifikant; n.u. = nicht untersucht; NZ = Natalizumab; OTUs = Operational taxonomic units; PD = Phylogenetic diversity; PSL = Prednisolon; RP = Remissionsphase; SPMS = Secondary progressive multiple sclerosis; Suppl. = Supplementary; TF = Teriflunomid; unc. = unclassified; UT = Untreated; uw = unweighted; w = weighted

Insgesamt fünf Studien zeigten ein erhöhtes Vorhandensein von *Akkermansia* bzw. *Akkermansia muciniphila* bei erkrankten Studienteilnehmern auf. Cekanaviciute et al. (2017), Jangi et al. (2016) sowie Takewaki et al. (2020) beobachteten dies generell bei RRMS-Patienten, wohingegen Ventura et al. (2019) nur bei kaukasischen Probanden einen signifikanten Unterschied entdecken konnten. Berer et al. (2017) stellten ein signifikant erhöhtes Vorkommen der genannten Bakterienspezies bei unbehandelten MS-Zwillingen fest, als diese mit ihren jeweiligen gesunden Pendants verglichen wurden. Galluzzo et al. (2021) berichteten von einem vermehrten Auftreten der übergeordneten Familie Akkermansiaceae bei RRMS-Patienten mit einem höheren Behinderungsgrad.

4.2 Pathophysiologische und protektive Mechanismen

Evidenz für eine pathogenetische Rolle des Mikrobioms konnte bei MS durch Stuhltrans-plantationen erbracht werden, bei denen die Mikrobiota von MS-Patienten sowie gesunden Kontrollen auf keimfreie Mäuse übertragen wurde. Hierbei verwendeten die Forscher das etablierte EAE-Modell, bei dem diese Tiere eine mit MS vergleichbare autoimmune Enzephalomyelitis entwickeln. Klassischerweise wird diese durch subkutane Immunisierung mit MOG und Adjuvantien ausgelöst. In Folge entstehen MOG-spezifische T-Zellen, die zu den krankheitsspezifischen Entzündungsherden im ZNS führen. Eine weitere Möglichkeit ist die Erzeugung von transgenen Mäusen, welche autoantigenspezifische T-Zell-Rezeptoren besitzen. Diese Tiere können dann in Folge spontan EAE entwickeln (Gerdes et al., 2020).

Letztere Methodik wurde von Berer et al. (2017) angewandt, die eine signifikant höhere EAE-Inzidenz bei Mäusen feststellten, welche zuvor die Mikrobiota von MS-Patienten transplantiert bekommen haben. In einer weiteren Studie, welche das o.g. Immunisierungsmodell verwendete, konnten bei Mäusen mit derselben Transplantation signifikant schwerere EAE-Symptome nachgewiesen werden (Cekanaviciute et al., 2017). Mechanistisch kann dieser Zusammenhang zwischen dem Mikrobiom und der Multiplen Sklerose durch die Darm-Hirn-Achse („gut-brain axis") erklärt werden, welche aus nervalen, neuroendokrinen, metabolischen sowie immunologischen Elementen besteht (Rutsch et al., 2020). Diese Bestandteile werden in den folgenden Unterkapiteln bezüglich ihrer potentiellen Mechanismen näher beleuchtet.

4.2.1 Immunmodulation durch mikrobielle Strukturelemente

Der Darm weist die größte Anzahl an Immunzellen im menschlichen Körper auf. Eine wichtige Rolle spielt hierbei das darmassoziierte lymphatische Gewebe (GALT), welches aus den Peyerschen Plaques im Dünndarm sowie den zahlreichen isolierten Lymphfollikeln entlang des gesamten Intestinaltrakts zusammengesetzt ist. Das GALT stellt einen wichtigen Ort zur Präsentation von Antigenen sowie Prägung und Differenzierung von adaptiven Immunzellen dar (Mörbe et al., 2021). Es besitzt entsprechend die Funktion, den Körper vor pathogenen Erregern zu schützen, während gleichzeitig eine Immuntoleranz gegenüber nichtpathogenen Kommensalen sowie Nahrungsantigenen aufgebaut werden muss (Ghezzi et al., 2021). Dieses lymphatische Gewebe spielt somit eine entscheidende Rolle bei der Aufrechterhaltung der Homöostase zwischen dem Darmmikrobiom und humanen Immunsystem (Jiao et al., 2020). Die intestinale Mikrobiota ist wesentlich an der Entwicklung und Prägung des GALT beteiligt, was Studien an keimfreien Mäusen zeigen konnten. So wiesen letztere eine geringere Anzahl von Peyerschen Plaques und eine deutlich schwächere Immunabwehr gegenüber Pathogenen auf (Round und Mazmanian, 2009).

Das GALT stellt darüber hinaus eine kritische Verbindung zwischen der lokalen Immunreaktion im Darm und der systemischen Immunantwort dar (Jiao et al., 2020). So sind beispielsweise differenzierte T- und B-Lymphozyten in der Lage, über den systemischen Kreislauf vom Darm in andere Körperbereiche zu gelangen (Ruth und Field, 2013). Durch die Fähigkeit dieser Immunzellen zur Durchschreitung der BHS kann eine pathogenetische Verbindung mit neuroinflammatorischen Erkrankungen wie z. B. MS hergestellt werden (Marchetti und Engelhardt, 2020).

Die Interaktion der Darmmikrobiota mit dem intestinalen Immunsystem wird u. a. über Mikroorganismen assoziierte molekulare Muster (MAMPs) vermittelt, die sowohl mikrobielle Zellwandbestandteile (z. B. LPS, PGN, KPS) als auch andere zelluläre Komponenten (z. B. Flagellin, Glykoproteine, mikrobielle DNA/RNA) darstellen können (Doughty, 2011). Diese Strukturen werden von Mustererkennungsrezeptoren (z. B. TLRs) auf der Oberfläche von angeborenen Immunzellen (z. B. DCs, Makrophagen) erkannt. Daraufhin werden die entsprechenden Pathogene phagozytiert und deren Antigene mithilfe des MHCII-Rezeptors auf der Oberfläche dieser Immunzellen präsentiert (Gaudino und Kumar, 2019). Naive T-Zellen binden an diese Rezeptoren, woraufhin sie unter dem Einfluss verschiedener Kostimulatoren (z. B. Zytokine) zu T-Effektorzellen differenziert werden (Murphy und Weaver, 2018).

4.2.1.1 Beeinflussung der T-Zell-Balance

T-Lymphozyten lassen sich klassischerweise nach ihren Oberflächenmolekülen CD4 und CD8 einteilen. Zu den $CD4^+$-T-Lymphozyten zählen verschiedene T-Helferzellen wie z. B. TH1-, TH2-, TH17- oder regulatorische T-Zellen. Die ersten drei werden aufgrund der jeweiligen Zytokine definiert, welche diese Lymphozyten jeweils produzieren. Während die genannten Immunzellen die Funktion besitzen, ihre Zielzellen zu aktivieren und zu einer verstärkten Immunreaktion gegenüber Pathogenen beizutragen, besteht die Aufgabe der regulatorischen T-Zellen darin, Immunantworten zu unterdrücken und Autoimmunität zu verhindern. Letzteres kann durch Beeinflussung der DC-Funktion, direkten Zell-Zell-Kontakt oder durch Ausschüttung von IL-10 bzw. TGF-β vermittelt werden (Murphy und Weaver, 2018). Zahlreiche Studien konkludieren, dass die Imbalance zwischen regulatorischen und entzündungs-fördernden T-Zellen eine entscheidende Rolle im pathophysiologischen Prozess spielt (Jin et al., 2020).

Eine besondere Bewandtnis besitzen die proinflammatorischen TH17-Zellen, die sich mehrheitlich in der Lamina propria des Darms lokalisieren lassen (Yang et al., 2014). So weisen RRMS-Patienten im Vergleich zu gesunden Kontrollen ein signifikant höheres Vorkommen dieser Immunzellen in der Dünndarmschleimhaut auf (Cosorich et al., 2017).

Der Einfluss des Mikrobioms wurde bei keimfreien Mäusen sichtbar, bei denen nur eine geringe Anzahl dieser Immunzellen in der LP vorhanden war. Eine nachfolgende mikrobielle Kolonisierung ging mit einem signifikant höheren Vorkommen dieser Effektorzellen sowie IL-17 einher (Ivanov et al., 2008). Eine weitere Studie konnte zeigen, dass enzephalogene TH17-Zellen die kolonale LP noch vor dem Auftreten von neurologischen EAE-Symptomen infiltrieren und darüber hinaus zu Veränderungen der mikrobiellen Zusammensetzung führen (Duc et al., 2019).

Die Kolonisation von keimfreien Mäusen mit segmentierten filamentösen Bakterien, welche auch als *Candidatus Savagella* bezeichnet werden, war ausreichend, um TH17-Zellen sowie die von ihnen produzierten Zytokine IL-17 und IL-22 in der LP zu induzieren (Ivanov et al., 2009). Hierbei stellte sich heraus, dass die MHCII-Expression durch intestinale DCs essenziell für die SFB-vermittelte Differenzierung von TH17-Zellen ist (Goto et al., 2014). Der TH17-stimulierende

Effekt wurde in Folge auch im ZNS beobachtet. Darüber hinaus konnte die bei keimfreien Mäusen verringerte EAE-Inzidenz durch die alleinige Gabe von SFB gesteigert werden (Lee et al., 2011). Durch die Bindung an intestinale Epithelzellen sind diese Bakterien zudem in der Lage, die Ausschüttung von Serumamyloid A1 und A2 zu stimulieren, welche in Folge die Differenzierung von TH17-Zellen fördern (siehe Abb. 4.1). Kurz nach der Kolonisierung konnte man in Mesenteriallymphknoten die Prägung naiver T-Zellen zu SFB-spezifischen TH17-Zellen beobachten, welche sich daraufhin innerhalb des Gastrointestinaltrakts verteilten (Sano et al., 2015). Auch bei weiteren Bakterienspezies konnte eine Induktion von TH17-Lymphozyten beobachtet werden (Atarashi et al., 2015).

Bei Betrachtung der regulatorischen T-Zellen wurde ein erhöhtes Vorkommen bei keimfreien EAE-Mäusen beobachtet, die gleichzeitig signifikant schwächere Krankheitszeichen im Vergleich zu konventionell kolonisierten Tieren zeigten (Lee et al., 2011). In Blutproben von MS-Patienten war die Fähigkeit dieser Immunzellen, antigenspezifische T-Zellen an ihrer Proliferation zu hindern, signifikant reduziert (Haas et al., 2005). Diese verringerte Suppressorfunktion wurde in einer weiteren Studie auch bei RRMS-Patienten entdeckt, wohingegen SPMS-Patienten eine normale T_{Reg}-Funktion behielten. Interessanterweise korrelierte die hemmende Kapazität dieser Immunzellen mit der Erkrankungsdauer und war vor allem in den frühen Phasen des Krankheitsprozesses gestört (Venken et al., 2006). Mikrobielle Transplantationen von MS-Patienten auf keimfreie EAE-Mäuse resultierten in einer Symptomsteigerung und einem im Vergleich zu Mäusen, die eine Mikrobiota von gesunden Kontrollen erhielten, geringeren Vorkommen von $IL-10^{+}$-T_{Regs} (Cekanaviciute et al., 2017). Einen weiteren Hinweis auf die krankheitsassoziierte Schwächung von regulatorischen Mechanismen konnten Berer et al. (2017) erbringen, indem sie bei MS-Patienten eine verringerte Produktion von IL-10 durch periphere Blutlymphozyten beobachteten. Dies wurde auch bei keimfreien EAE-Mäusen festgestellt, die mit fäkalen Proben von MS-Patienten kolonisiert wurden. Hier produzierten die splenischen T-Zellen weniger IL-10 als diejenigen von Tieren, welche die Mikrobiota von gesunden Kontrollen erhalten hatten (Berer et al., 2017).

Der Einfluss von bestimmten Bakterienspezies auf die Differenzierung von T_{Regs} konnte beispielsweise bei *Bacteroides fragilis* nachgewiesen werden. Die orale Gabe von PSA, welches ein kapsuläres Polysaccharid auf der Oberfläche dieses Bakteriums darstellt, führte zu einem verzögerten Auftreten von EAE-Symptomen, einer reduzierten Demyelinisierung des Rückenmarks und signifikant niedrigeren klinischen EAE-Scores. Die PSA-Gabe förderte die Akkumulation von CD103$^+$-DCs, welche die Differenzierung von naiven T-Zellen zu IL-10- produzierenden T_{Regs} stimulierten (siehe Abb. 4.1). Bei IL-10-defizienten Mäusen war die Schutzwirkung komplett aufgehoben, was bei diesen regulatorischen Prozessen auf eine essenzielle Rolle von IL-10 hindeutet (Ochoa-Reparaz et al., 2010).

Clostridium Cluster IV und XIVa waren in der Lage, Darmepithelzellen zur Produktion von TGF-β zu stimulieren. Dieser Wachstumsfaktor führte zu einer kolonalen Akkumulation von T_{Regs} und regte in Folge immunregulierende Prozesse an (Atarashi et al., 2011). Einige weitere Studien konnten die stimulierende Wirkung einzelner Bakterienspezies auf die Differenzierung von regulatorischen T-Zellen sowie den Einfluss auf bestimmte EAE-Parameter feststellen. Aufgrund des entsprechenden therapeutischen Potentials und des wiederholenden Mechanismus werden diese Publikationen in Abschnitt 4.3.2 aufgeführt.

Neuere Erkenntnisse deuten darüber hinaus auf synergistische Effekte mehrerer Mikroorganismen hin. So besitzt *Lactobacillus reuteri* das Protein UvrA, welches eine strukturelle Ähnlichkeit mit MOG aufweist. Somit könnte dieses Peptid durch molekulare Mimikry zur Expansion von MOG-spezifischen T-Zellen beitragen, welche den Myelin-Abbau im ZNS und das entsprechende Krankheitsgeschehen fördern. Allerdings unterschied sich der klinische EAE-Score bei Mäusen, die mit der genannten Bakterienspezies monokolonisiert wurden, nicht signifikant von dem der keimfreien Tiere. Erst eine gemeinsame Kolonisation mit einem neu entdeckten Stamm innerhalb der Erysipelotrichaceae führte zu einem höheren klinischen Score, was auf eine synergistische Wirkung dieser beiden Bakterien hindeutet. Da dieser Effekt nicht durch Kolonisierung mit UvrA-defizitären *L. reuteri* wiederholt werden konnte, wird der pathogenetische Prozess eindeutig durch dieses Protein vermittelt. Das zweite Bakterium scheint TH17-Zellen durch adjuvante Effekte zu induzieren, die sich in der Ausschüttung von SAA durch intestinale Epithelzellen sowie IL-23 durch DCs zeigten (siehe Abb. 4.1; Miyauchi et al., 2020).

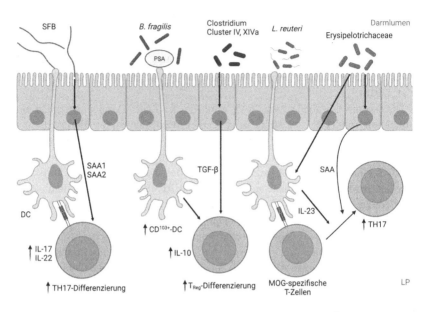

Abb. 4.1 Mikrobiota-assoziierte Modulation der T-Zell-Differenzierung[1]

---

[1] SFB stimulieren über APCs die Differenzierung von TH17-Zellen, welche in Folge vermehrt IL-17 und IL-22 produzieren. Durch Bindung an Darmepithelzellen fördern diese Bakterien die Synthese von SAA1 und SAA2, welche ebenfalls zur Induktion von TH17-Lymphozyten beitragen. PSA von *B. fragilis* ist in der Lage, über CD[103+]-DCs die Differenzierung von regulatorischen T-Zellen zu stimulieren. Letzteres wird auch durch *Clostridium* Cluster IV und XIVa gefördert, welche die Ausschüttung des Differenzierungsfaktors TGF-β durch das Darmepithel forcieren. Synergistische Effekte konnten bei *L. reuteri* und einem Stamm innerhalb der Erysipelotrichaceae gezeigt werden. Erstere Spezies besitzt das Protein UvrA, welches durch molekulare Mimikry zur Expansion MOG-spezifischer T-Zellen beitragen kann. Der letztgenannte Stamm ist in der Lage, die Ausschüttung von SAA durch Darmepithelzellen sowie IL-23 durch DCs zu fördern, welche die weitere Differenzierung zu TH17-Zellen stimulieren. T-Lymphozyten können in Folge ins ZNS migrieren und neuroinflammatorische Prozesse verstärken bzw. regulieren. APCs = Antigen-presenting cells; *B. fragilis* = *Bacteroides fragilis*; CD = Cluster of differentiation; DC = Dendritic cell; IL = Interleukin; LP = Lamina propria; *L. reuteri* = *Lactobacillus reuteri*; MOG = Myelin-Oligodendrozyten-Glykoprotein; PSA = Polysaccharid A; SAA = Serumamyloid A; SFB = Segmentierte filamentöse Bakterien; TGF-β = *Transforming growth factor β;* TH17 = Typ17-T-Helferzellen; T_Reg = Regulatorische T-Zellen; ZNS = Zentrales Nervensystem (eigene Darstellung; erstellt mit BioRender.com)

4.2.1.2 B-Zell-vermittelte Immunantwort

Die intestinale Mikrobiota ist in der Lage, die Aktivierung und Differenzierung von B-Zellen über direkte oder indirekte Mechanismen zu beeinflussen (Kim und Kim, 2017). Mikrobielle Antigene können direkt an BCRs oder TLRs von B-Zellen binden, wodurch die Differenzierung zu Plasmazellen und die Produktion von entsprechenden Antigen-spezifischen Antikörpern stimuliert wird (Buchta und Bishop, 2014). Hierbei spielen die beiden Zytokine BAFF und APRIL eine wichtige Rolle, welche die B-Zell-Differenzierung fördern. Diese Verbindungen werden sowohl von Darmepithelzellen als auch Zellen des angeborenen Immunsystems produziert. Darüber hinaus kann das Mikrobiom B-Zellen auch indirekt über T-Zell- sowie APC-abhängige Mechanismen beeinflussen (Kim und Kim, 2017).

Eine besondere Bewandtnis im Zusammenhang zwischen Darmmikrobiom und MS besitzen IgA-produzierende Plasmazellen. In einem EAE-Modell konnte während der chronischen Krankheitsphase eine signifikante Reduktion von IgA^+-Plasmazellen bzw. -blasten in der LP des Dünndarms beobachtet werden, wohingegen deren Vorkommen im ZNS signifikant erhöht war. In PB/PC-defizitären Mäusen kam es zu einer Steigerung der Krankheitsschwere, die durch den Transfer von Plasmazellen aus der siLP rückgängig gemacht werden konnte. Durch Detektion von kommensal-reaktiven Plasmazellen im Gehirn konnte davon ausgegangen werden, dass Mikrobiota-spezifische IgA^+-Plasmazellen vom Darm in das ZNS migrieren und dort krankheitsreduzierende Effekte vermitteln. Interessanterweise ließ sich diese Wirkung nicht auf IgA, sondern auf das antiinflammatorische Zytokin IL-10 zurückführen, welches von PCs bzw. PBs im ZNS produziert wird (siehe Abb. 4.2; Rojas et al., 2019).

Das Zusammenspiel der Mikrobiota mit IgA^+-Plasmazellen konnte auch bei MS-Patienten beobachtet werden. In aktiven MS-Läsionen fand man eine starke Anreicherung von IgA^+-B-Lymphozyten, von denen ein Großteil mukosale Darmmarker aufwies. Bei MS-Patienten in der Schubphase konnte eine signifikant höhere IgA-Konzentration in der Zerebrospinalflüssigkeit festgestellt werden. Darüber hinaus wurde in fäkalen Proben von MS-Kranken ein im Vergleich zu gesunden Kontrollen signifikant höherer Anteil an verschiedenen IgA-bindenden OTUs entdeckt. Es stellte sich heraus, dass *Akkermansia muciniphila, Eggerthella lenta, Bifidobacterium adolescentis* sowie *Ruminococcus* zu den prominentesten OTUs zählten, die bei den untersuchten MS-Patienten durch IgA gebunden wurden (Pröbstel et al., 2020).

Des Weiteren könnten IL-10-produzierende regulatorische B-Zellen eine wichtige Rolle spielen, welche eine sehr heterogene Subgruppe darstellen (Baba et al., 2020). Eine durch CD20-Antikörper ausgelöste B-Zell-Depletion führte in einer Studie mit EAE-Mäusen zu einer Verschlimmerung der Krankheitssymptome, wohingegen der adoptive Transfer von regulatorischen CD5$^+$-B-Zellen (B10-Zellen) wieder zu einer Normalisierung der Krankheitsaktivität beitrug. Dieser Effekt konte bei keiner anderen B-Zell-Subgruppe beobachtet werden (Matsushita et al., 2008).

Die orale Gabe eines Breitbandantibiotikums führte bei EAE-Mäusen zur Induktion von regulatorischen CD5$^+$CD19$^+$-B-Zellen, die sich v. a. in mesenterialen und zervikalen Lymphknoten anreicherten. Der adoptive Transfer dieser Immunzellen von Mäusen unter Antibiotikatherapie in naive Empfänger-Mäuse konnte die Krankheitsschwere signifikant reduzieren und verschob die Immunantwort vom TH1/TH17-Typ zum antiinflammatorischen TH2-Typ (Ochoa-Reparaz et al., 2010). Die Beteiligung von CD5$^+$-B$_{Regs}$ konnte auch bei TMEV-Mäusen, welche ein Modell für progressive MS darstellen, gezeigt werden. Hierbei führte eine orale Antibiotikagabe zu einer Akkumulation von B10-Zellen in der Milz und im ZNS. Gleichzeitig konnte eine erhöhte IL-10-Konzentration im Rückenmark festgestellt werden (Mestre et al., 2019).

Im Gegensatz hierzu sind B-Lymphozyten aber auch in der Lage, durch Ausschüttung pathogener Autoantikörper, Produktion proinflammatorischer Zytokine als auch durch ihre Fähigkeit zur Antigenpräsentation neuroinflammatorische und -degenerative Prozesse im ZNS zu fördern (Bakhuraysah et al., 2021). Die direkte Beteiligung der Mikrobiota bei B-Zell-vermittelten pathophysiologischen Prozessen konnte bei MS bzw. EAE bisher nicht eindeutig nachgewiesen werden (siehe Abb. 4.2).

4.2.1.3 Interaktion mit dem angeborenen Immunsystem

Im humanen GALT befinden sich viele verschiedene Zellen des angeborenen Immunsystems wie z. B. Monozyten, Makrophagen, Granulozyten, dendritische Zellen oder angeborene lymphoide Zellen (Mörbe et al., 2021). Diese sind über Antigenpräsentation und Ausschüttung von Zytokinen in der Lage, Zellen des adaptiven Immunsystems zu primen und somit spezifische Immunantworten gegenüber Mikroorganismen auszulösen (Jiao et al., 2020).

Bei MS deuten Studienergebnisse auf eine wichtige Rolle des TGF-β-Signalwegs hin. TGF-β ist ein pleiotrophisches Zytokin, welches essenzielle

Aufgaben bezüglich der Immuntoleranz und -homöostase übernimmt (Lukas et al., 2017) und u. a. von angeborenen Immunzellen wie z. B. Makrophagen oder DCs produziert wird (Haupeltshofer et al., 2019). Dieser Wachstumsfaktor ist in Kombination mit proinflammatorischen Zytokinen in der Lage, die Differenzierung von naiven T-Zellen zu TH17-Zellen zu stimulieren. Hierbei scheinen von DCs exprimierte αV-Integrine essenziell zu sein, welche latentes TGF-β aktivieren und somit über die Differenzierung von TH17-Lymphozyten zur Entstehung von EAE beitragen können. Dies wurde auch durch eine pharmakologische Hemmung der αV-Integrine gezeigt, die zu einer verringerten in-vitro-Aktivierung von TGF-β führte. αV-Knockout-Mäuse zeigten ebenfalls ein verringertes Vorkommen von intestinalen TH17-Zellen und waren vor der Entstehung von EAE geschützt (Acharya et al., 2010).

Des Weiteren deuten mehrere Studien auf eine Beteiligung des intrazellulären Proteins Smad7 hin, welches einen negativen Regulator des TGF-β-Signalwegs darstellt. Mäuse, bei denen das Smad7-Gen in dendritischen Zellen deletiert wurde, waren gegen die Entwicklung von EAE resistent und wiesen ein erhöhtes Vorkommen von T_{Regs} im ZNS auf. Die Induktion von letztgenannten Zellen wurde hierbei durch eine erhöhte TGF-β-abhängige IDO-Expression vermittelt (siehe Abb. 4.2; Lukas et al., 2017).

Diese Effekte konnten in einem OSE-Modell auch bei intestinalen CD4^{+}-T-Zellen beobachtet werden. Während die Deletion von T-Zell-spezifischen Smad7 die Balance dieser Lymphozyten in Richtung eines antiinflammatorischen Phänotyps verschob, führte die Überexpression dieses Proteins zu einer vermehrten intestinalen Expansion von proinflammatorischen CD4^{+}-T-Zellen. Letztere migrierten in Folge ins ZNS und verursachten eine erhöhte Krankheitsinzidenz sowie -schwere. Eine Dysregulation des TGF-β/Smad7-Signalwegs konnte auch in intestinalen Biopsien von MS-Patienten beobachtet werden (Haupeltshofer et al., 2019).

Bezogen auf das Mikrobiom zeigte sich, dass LPS in der Lage sind, Smad 7 in Makrophagen zu induzieren und dadurch den TGF-β-Signalweg zu hemmen (MohanKumar et al., 2016). Eine Supplementation mit *Clostridium butyricum* führte über Bindung an DCs zu einer vermehrten Ausschüttung von TGF-β, woraufhin die Differenzierung von T_{Regs} gefördert wurde (Kashiwagi et al., 2015). *Bifidobacterium breve* löste bei PBMCs die Hemmung von Smad7 mit entsprechender TGF-β-Induzierung aus (Fujii et al., 2006). In einem Colitis-Modell führte eine helminthische Infektion ebenfalls zu einer reduzierten Smad7-Expression durch intestinale CD4^{+}-T-Zellen, wodurch TGF-β-vermittelt die Differenzierung zu regulatorischen T- Lymphozyten gefördert wurde (Hang et al., 2019).

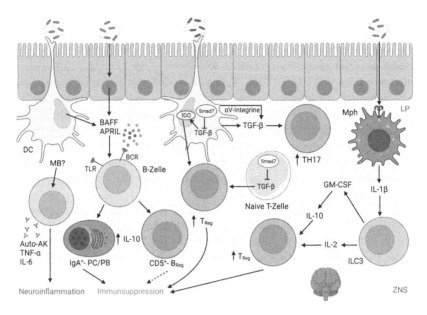

Abb. 4.2 Mikrobiota-vermittelte neuropathogene und immunregulierende Effekte von B-Lymphozyten und angeborenen Immunzellen[2]

---

[2] Durch Stimulation von DCs und Darmepithelzellen zur Ausschüttung von BAFF und APRIL sowie durch Bindung mikrobieller Antigene an BCRs oder TLRs von B-Lymphozyten ist di eMikrobiota in der Lage, die Differenzierung letztgenannter Immunzellen zu beeinflussen. Während der EAE migrieren IgA⁺-PCs/PBs sowie möglicherweise auch CD5⁺-B$_{Regs}$ ins ZNS und vermitteln über Ausschüttung von IL-10 immunsuppressive Effekte. Demgegenüber sind B-Zellen aber auch in der Lage, über Antigenpräsentation, Antikörper- oder Zytokinausschüttung neuroinflammatorische und -degenerative Vorgänge zu fördern. Ein direkter Nachweis zur Beteiligung des Mikrobioms fehlt allerdings bisher. Die Mikrobiota kann über Beeinflussung des Smad7/TGF-β/IDO-Signalwegs die Differenzierung von T$_{Regs}$ beeinflussen, die in Folge ins ZNS migrieren und dort anti-inflammatorische Prozesse stimulieren. Dahingegen kann eine αV-Integrin-vermittelte TGF-β-Aktivierung die Entstehung von proinflammatorischen TH17-Zellen fördern. Makrophagen werden durch mikrobielle Antigene zur Synthese von IL-1β angeregt, welches die IL-2- und GM-CSF-Produktion von ILC3-Zellen stimuliert. Hierdurch wird die Differenzierung von T$_{Regs}$ gefördert. APRIL= A *proliferation inducing ligand;* Auto-AK= Autoantikörper; BAFF= B cell activating factor; BCR= *B cell receptor; CD5⁺-B$_{Reg}$= Cluster of differentiation 5 positive regulatory B Cells; DC= Dendritic cell; EAE= Experimentelle autoimmune Enzephalomyelitis; GM-CSF=* Granulocyte-macrophage colony-stimulating

Darüber hinaus könnten die angeborenen lymphoiden Zellen, bei denen besonders ILC3 eine wichtige Funktion zur Regulation der Darmhomöostase innehat, eine Rolle bei MS spielen. Die in der Lamina propria des Intestinaltrakts befindlichen ILC3-Zellen (Stojanovic et al., 2021) sind in der Lage, die Balance zwischen proinflammatorischen T-Zellen und T_{Regs} auf letztere Seite zu verschieben (Miljkovic et al., 2021). Der Zusammenhang mit der intestinalen Mikrobiota wird durch Makrophagen hergestellt, welche durch Bindung mikrobieller Antigene an TLRs oder NLRs zur Produktion von IL-1β angeregt werden. Dieses Zytokin ist wiederum in der Lage, ILC3-Zellen zur Sekretion von IL-2 zu stimulieren, welches zur Aufrechterhaltung der regulatorischen T-Lymphozyten beiträgt (Zhou et al., 2019). Des Weiteren fördert IL-1β die Ausschüttung von GM-CSF durch ILC3-Zellen, woraufhin sowohl in Makrophagen als auch DCs die Produktion von IL-10 stimuliert wird (Mortha et al., 2014). Letztgenanntes Zytokin führt in Folge zu einer verstärkten Expansion von regulatorischen T-Zellen (siehe Abb. 4.2; Hsu et al., 2015).

4.2.2 Mikrobielle Metaboliten

Neben mikrobiellen Strukturelementen, die lokale sowie systemische Immunantworten auslösen und das Krankheitsgeschehen bei MS beeinflussen können (Lo et al., 2021), ist die intestinale Mikrobiota im Zuge ihrer Nährstoff-Fermentation darüber hinaus in der Lage, bestimmte Metaboliten zu synthetisieren, die eine Rolle in der (Patho-)Physiologie der MS einnehmen könnten (Ghezzi et al., 2021).

Nachfolgend werden relevante Mikrobiota-assoziierte Stoffwechselprodukte in Hinblick auf ihre immunmodulierenden Wirkungen sowie deren direkten Effekte auf ZNS-residente Zellen betrachtet.

4.2.2.1 Kurzkettige Fettsäuren

Hinweise auf die Beteiligung von SCFAs im Krankheitsprozess ergaben sich aus Studien, die ein unterschiedliches Vorkommen dieser Fettsäuren bei MS-Patienten und gesunden Kontrollen beobachteten. Ein signifikant geringeres Vorhandensein von Acetat, Butyrat sowie Propionat konnte sowohl im Blut von

---

factor; IDO= Indolamin-2,3-Dioxygenase; IgA$^+$-PC/PB= Immunoglobulin A positive plasma cell/plasmablast; IL= Interleukin; ILC3= Type 3 innate lymphoid cell; MB= Mikrobiom; Mph= Makrophage; Smad7= Mothers against decapentaplegic homolog 7; TGF-β= *Transforming growth factor β; TH17=* Typ17-T-Helferzellen; TLR= Toll-like receptor; TNF-α= Tumornekrosefaktor-α; T_{Reg}= Regulatorische T-Zellen; ZNS= Zentrales Nervensystem (eigene Darstellung; erstellt mit BioRender.com)

SPMS-Patienten (Park et al., 2019) als auch bei fäkalen Proben von RRMS-Patienten festgestellt werden. Darüber hinaus zeigte sich, dass wichtige Enzyme des SCFA-Metabolismus bei letzterer Verlaufsform signifikant verringert waren (Takewaki et al., 2020). In einer weiteren Publikation konnte der geringere Gehalt an Propionsäure in Blut- und Stuhlproben von MS-Patienten mit einem reduzierten Vorhandensein von SCFA-produzierenden Taxa (z. B. *Butyricimonas*) in Verbindung gebracht werden (Duscha et al., 2020).

Kurzkettige Fettsäuren besitzen vielfältige immunregulatorische Funktionen, die einen Einfluss auf systemische Entzündungsvorgänge haben (McLoughlin et al., 2017). Bei Immunzellen wird dies einerseits durch Bindung von SCFAs an G-Protein-gekoppelte Rezeptoren (z. B. FFAR 2/3) als auch durch direkte Internalisierung dieser Verbindungen mittels aktiver Transporter (z. B. Slc5a8) oder passiver Diffusion vermittelt (Correa Oliveira et al., 2016). So sind SCFAs im Gegensatz zu langkettigen Fettsäuren in der Lage, die Differenzierung von regulatorischen T-Zellen zu unterstützen (Haghikia et al., 2015). Hierbei konnte bei Butyrat gezeigt werden, dass dessen Fähigkeit zur Hemmung von Histon-Deacetylasen, welche zu einer gesteigerten Acetylierung von Histon H3 am Foxp3-Lokus führt, eine essenzielle Rolle spielt (Furusawa et al., 2013). Die darauffolgende erhöhte Expression des zuletzt genannten Transkriptionsfaktors stimuliert die Produktion von zellulären Proteinen, die für die Differenzierung und Funktion von T_{Regs} essenziell sind (Nijhuis et al., 2019). Es zeigte sich, dass die Bindung von Butyrat an FFAR2 einen bedeutenden Schritt bei der Hemmung von HDAC darstellt (siehe Abb. 4.3; Pan et al., 2018).

Des Weiteren reduzierte Butyrat die Proliferation sowie Zytokin-Produktion von TH1-, TH17- und TH22-Zellen in der LP, was ebenfalls auf eine Hemmung von HDAC und FFAR2-Aktivierung zurückgeführt werden konnte (Kibbie et al., 2021). Auch bei Propionat wurde als Folge der HDAC-Hemmung eine Steigerung der Foxp3- sowie IL-10-Expression in Kolon-assoziierten T_{Regs} nachgewiesen (Smith et al., 2013). Dieser Effekt konnte darüber hinaus auch bei regulatorischen B-Zellen beobachtet werden, wodurch es zu einer Hochregulierung dieser Zellpopulation kam (Zou et al., 2021). Bei dendritischen Zellen wird durch die Kombination von Butyrat-vermittelter HDAC-Hemmung und Aktivierung des GPR109A-Signalwegs die Expression von RALDH1 gefördert. Dieses Enzym wandelt Vitamin A in Retinsäure um, welches durch Bindung an RAR die Differenzierung von regulatorischen T-Zellen stimulieren kann (siehe Abb. 4.3; Kaisar et al., 2017).

SCFAs sind darüber hinaus in der Lage, die BHS zu durchqueren und sowohl mit peripheren Immunzellen als auch residenten Zellen im ZNS zu interagieren (Qian et al., 2021). Hinweise auf letztere Interaktion ergeben sich aus dem Vorhandensein verschiedener SCFA-Rezeptoren im ZNS (Pierre und Pellerin, 2005). In Bezug auf Mikroglia stellte sich heraus, dass kurzkettige Fettsäuren wesentlich an deren Reifung, Morphologie und Funktion beteiligt sind. Dies konnte bei keimfreien Mäusen beobachtet werden, deren Mikroglia globale Defekte wie z. B. unreife Phänotypen aufwiesen. Durch die Gabe von SCFAs konnten diese mikrogliären Störungen wieder rückgängig gemacht werden, was auf eine wichtige Rolle dieser Moleküle bei der Aufrechterhaltung der Mikroglia- und somit der ZNS-Homöostase hindeutet (Erny et al., 2015). Des Weiteren sind kurzkettige Fettsäuren in-vitro in der Lage, die Sekretion der proinflammatorischen Zytokine TNF-α und IL-1β durch Mikroglia-ähnliche Zellen zu verringern (Wenzel et al., 2020). Mechanistisch konnte dies bei Acetat durch Aktivierung von FFAR3 und nachfolgende Hemmung des ERK/JNK/NF-κB-Signalwegs erklärt werden (siehe Abb. 4.3; Liu et al., 2020).

Die orale Applikation von Butyrat führte bei Mäusen zu einer signifikanten Hemmung einer durch Lysolecithin induzierten Demyelinisierung und förderte in Verbindung mit einer gesteigerten Oligodendrozyten-Reifung die Remyelinisierung der Axone. Dieser Prozess war unabhängig von Mikroglia und wurde vermutlich durch HDAC-Hemmung vermittelt (Chen et al., 2019). Die durch LPS induzierte Aktivierung von Astrozyten konnte durch eine Acetat-Supplementation wieder auf ein Normalniveau abgesenkt werden. Dieser Effekt wurde in einer schwächeren Form auch bei Mikroglia beobachtet (Reisenauer et al., 2011).

Darüber hinaus konnte durch Acetat-Gabe eine Steigerung des Acetyl-CoA- sowie Lipidmetabolismus im Rückenmark von Ratten und Mäusen festgestellt werden. So verhinderte die genannte Fettsäure bei EAE-Mäusen den Verlust essenzieller Myelin-Phospholipide wie z. B. Ethanolamin, Glycerophospholipid oder Phosphatidylserin. Ebenso normalisierte Acetat deren Gehalt an veresterten Fettsäuren auf das Niveau von gesunden Mäusen. Diese Ergebnisse sprechen dafür, dass Acetat zur Synthese von Fettsäuren im Rückenmark genutzt wird (Chevalier und Rosenberger, 2017). Da die Myelinisierung im ZNS stark von der Fettsäuresynthese in Oligodendrozyten abhängig ist, könnte dieser Zelltyp eine wichtige Rolle in der SCFA-vermittelten Remyelinisierung von Neuronen spielen (siehe Abb. 4.3; Dimas et al., 2019).

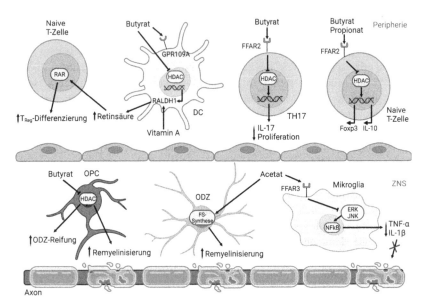

Abb. 4.3 Immunmodulierende und neuroprotektive Funktionen von kurzkettigen Fettsäuren[3]

---

[3] Butyrat und Propionat hemmen durch FFAR2-Bindung HDAC in naiven T-Zellen, wodurch eine vermehrte Expression von Foxp3 gefördert wird. Als Konsequenz wird die T_{Reg}-Differenzierung sowie Synthese von IL-10 stimuliert. Durch einen kombinierten Effekt aus HDAC-Hemmung und GPR109A-Bindung ist Butyrat bei DCs in der Lage, die Expression des Enzyms RALDH1 anzuregen, welches Vitamin A in Retinsäure umwandelt. Letztere Verbindung fördert durch Bindung an RAR die Differenzierung von regulatorischen T-Lymphozyten. Des Weiteren kann Butyrat die IL-17-Synthese und Proliferation von TH17-Zellen reduzieren. Im ZNS hemmt Acetat durch FFAR3-Bindung den mikrogliären ERK/JNK/NF-κB-Signalweg, wodurch die Expression der proinflammatorischen Zytokine TNF-α sowie IL-1β herabgesetzt wird. Acetat kann in ODZ zur Fettsäure- und nachfolgender Myelin-Phospholipidsynthese herangezogen werden, wodurch die Remyelinisierung der Axone gefördert wird. Letzteres kann Butyrat durch HDAC-Hemmung auch in OPCs stimulieren, wobei gleichzeitig auch die Reifung dieser Vorgängerzellen intensiviert wird. DC = Dendritic cell; ERK = Extracellular-signal regulated kinases; FFAR 2/3 = Free fatty acid receptor 2/3; Foxp3 = Forkhead-Box-Protein P3; FS = Fettsäure; GPR109A = G protein-coupled receptor 109 A; HDAC = Histon-Deacetylasen; IL = Interleukin; JNK = c-Jun-N-terminale Kinase; NF-κB = Nuclear factor kappa B; ODZ = Oligodendrozyt; OPC = Oligodendrocyte progenitor cell; RALDH1 = Retinaldehyd-Dehydrogenase 1; RAR = Retinoic acid receptor; TH17 = Typ17-T-Helferzellen; TNF-α

4.2.2.2 Gallensäuren

Das Mikrobiom spielt eine essenzielle Rolle im Gallensäuremetabolismus. Unter anderem durch Hydrolasen und Dehydroxylasen wandeln Darmbakterien primäre in sekundäre Gallensäuren um, welche in Folge von Enterozyten reabsorbiert werden können (Wahlström et al., 2016). Der Zusammenhang mit MS kam durch Studien auf, die zwischen MS-Patienten und gesunden Kontrollen signifikante Unterschiede im Vorkommen verschiedener Gallensäure-Metaboliten beobachteten.

So konnten bei RRMS- sowie PPMS-Patienten im Vergleich zur Kontrollgruppe signifikant geringere Plasmagehalte einiger sekundärer Gallensäuren (z. B. DCA, TDCA) festgestellt werden. Dies traf bei PPMS auch auf viele primäre Gallensäuren (z. B. GCA, TCA) zu (Bhargava et al., 2020).

Gallensäuren werden primär durch den ubiquitären G-Protein-gekoppelten Rezeptor GPBAR1 sowie den nukleären Rezeptor FXR gebunden, welche u. a. von Monozyten, Makrophagen, DCs und im geringeren Ausmaß von T- oder B-Lymphozyten exprimiert werden (Fiorucci et al., 2018). In einem Maus-Colitis-Modell wurde durch die Gabe eines GPBAR1-Agonisten die Polarisierung von intestinalen Makrophagen zum M2-Phänotyp gefördert. Dies führte entsprechend zu einer reduzierten Expression von proinflammatorischen (z. B. TNF-α, IFN-γ) sowie zur erhöhten Produktion von antientzündlichen Zytokinen (z. B. IL-10, TGF-β). Des Weiteren konnte ein erhöhtes Vorhandensein von regulatorischen T-Zellen in der LP des Kolons festgestellt werden (Biagioli et al., 2017).

Ebenso wurde bei humanen Monozyten bzw. Makrophagen die durch LPS induzierte Produktion von TNF-α und IL-12 durch Gabe eines GPBAR1-Agonisten sowie der natürlichen sekundären Gallensäure LCA reduziert. In einem EAE-Modell führte derselbe synthetische Agonist zu einer reduzierten monozytischen Expression verschiedener Rezeptoren und Kostimulatoren wie z. B. MHCII, CD40 oder CD80. Dieser Effekt konnte sowohl bei migrierten Monozyten im ZNS als auch bei denen im Blut nachgewiesen werden (siehe Abb. 4.4). Die Anzahl der genannten Immunzellen im ZNS nahm unter dem Einfluss des GPBAR1-Agonisten signifikant ab, wohingegen die im Blut anstieg. Gemeinsam mit dem reduzierten klinischen EAE-Score in der Interventionsgruppe spricht dies für einen protektiven Effekt von GPBAR1-aktivierenden Gallensäuren (Lewis et al., 2014).

Eine ähnliche Wirkung kann auch FXR-Agonisten zugeschrieben werden. Dies konnte beispielsweise bei FXR-Knockout-Mäusen beobachtet werden, die

---

= Tumornekrosefaktor-α; T_{Reg} = Regulatorische T-Zellen; ZNS = Zentrales Nervensystem (eigene Darstellung; erstellt mit BioRender.com)

im Vergleich zum Wildtyp einen höheren klinischen EAE-Score aufwiesen. Darüber hinaus zeigte sich, dass sowohl ein synthetischer FXR-Agonist als auch die natürliche primäre Gallensäure CDCA die Produktion von IFN-γ und TNF reduzieren konnten (Ho und Steinman, 2016). Eine weitere Studie stellte ein verringertes Vorkommen von FXR bei peripheren Immunzellen von RRMS- und PPMS-Patienten fest. Bei EAE-Mäusen förderte eine pharmakologische Aktivierung dieses Rezeptors die Entstehung von antiinflammatorischen Makrophagen, die durch Synthese von IL-10, Arginase-1 sowie Unterdrückung von T-Zell-Antworten charakterisiert waren. Auf der anderen Seite war die Expression von proinflammatorischen Markern wie z. B. iNOS, IL-12 und IL-23 reduziert (siehe Abb. 4.4). Dieser Effekt wirkte sich auch auf TH17-Zellen im ZNS aus, die bei Mäusen, welche einen FXR-Agonisten erhielten, reduziert waren (Hucke et al., 2016).

Gallensäuren sind zudem in der Lage, in das ZNS einzuwandern und mit den dortigen residenten Zellen zu interagieren. Deren Fähigkeit zur Durchschreitung der BHS zeigte sich in einem Rattenmodell, bei dem die zerebralen Gehalte der unkonjugierten primären Gallensäuren CA und CDCA sowie der sekundären Gallensäuren DCA und UDCA stark mit deren jeweiligen Serumkonzentrationen korrelierten. Darüber hinaus konnte Deuterium-markiertes und intraperitoneal verabreichtes CDCA im Gehirn der Ratten festgestellt werden (Higashi et al., 2017). Die Expression der beiden o.g. Gallensäurerezeptoren wurde bei verschiedenen residenten ZNS-Zellen wie z. B. Oligodendrozyten (Albrecht et al., 2017), Astrozyten (Keitel et al., 2010) oder Mikroglia nachgewiesen (McMillin et al., 2015).

Bei letzterem Zelltyp führte eine in-vitro-Behandlung mit UDCA zu einer verringerten NF-κB-vermittelten Expression des iNOS-Gens, wodurch die Produktion von NO reduziert werden konnte. Zusätzlich wurde eine geringere mikrogliäre Ausschüttung von TNF-α beobachtet (Joo et al., 2004). Eine weitere Publikation, die Mikroglia von Ratten als Untersuchungsgrundlage verwendete, stellte unter TUDCA-Behandlung ebenfalls eine Hemmung der iNOS-Transkription fest, welche wahrscheinlich durch GPBAR1 und cAMP vermittelt wurde. Des Weiteren führte die genannte Gallensäure zu einer erhöhten Expression von IL-10 (Yanguas-Casas et al., 2017). Analog zu den o.g. Monozyten wurde auch bei Mikroglia von EAE-Mäusen eine Hochregulierung von MHCII und CD80 im Krankheitsprozess festgestellt, deren Expression durch die Gabe eines GPBAR1-Agonisten wieder reduziert werden konnte (siehe Abb. 4.4; Lewis et al., 2014).

4.2.2.3 Tryptophan-Derivate

Die essenzielle Aminosäure Tryptophan wird hauptsächlich durch Fleisch, Milch-produkte und Samen aufgenommen und kann grundsätzlich zwei verschiedene Stoffwechselwege im GIT durchlaufen (Wyatt und Greathouse, 2021). Etwa 95 % des Tryptophans wird durch das Wirtsenzym IDO in Kynurenin umgewandelt, das nachfolgend u. a. zu Niacin oder NAD metabolisiert werden kann. Der restliche Anteil wird durch Darmbakterien zu verschiedenen Indolderivaten wie z. B. IAA, IPA oder ILA verstoffwechselt (Zhu et al., 2020). Bei MS scheint der Tryptophan-Metabolismus verändert zu sein, was sich bei MS-Kranken beispielsweise an einem erhöhten Kynurenin/Tryptophan-Verhältnis zeigte (Lim et al., 2017). Bei pädiatrischen Patienten wurde eine höhere Tryptophan- sowie ILA-Konzentration im Serum mit einem geringeren MS-Risiko assoziiert. Darüber hinaus korrelierte ein höherer IPA-Gehalt mit einem geringeren EDSS-Wert und war somit mit einer reduzierten Krankheitsschwere verbunden (Nourbakhsh et al., 2018).

Tryptophan-Metaboliten sind Liganden des Aryl-Hydrocarbon-Rezeptors, der sowohl von Immunzellen wie z. B. T-Zellen oder DCs (Gutierrez-Vazquez und Quintana, 2018) als auch von residenten Zellen des ZNS exprimiert wird (Juri-cek und Coumoul, 2018). Gleichzeitig wurden zahlreiche AhR-Liganden wie beispielsweise IAA, IPA oder ILA in der humanen Zerebrospinalflüssigkeit nachgewiesen (Pautova et al., 2020), was auf einen direkten Einfluss dieser Mikrobiota-assoziierten Moleküle auf residente ZNS-Zellen hindeutet (Fettig und Osborne, 2021). Diese Interaktion konnten Rothhammer et al. (2016) bei Astrozy-ten aufzeigen, indem sie sowohl Kontrollen als auch AhR-defizitäre EAE-Mäuse mit einer Tryptophan-freien Diät fütterten. Der Mangel an alimentärem Trypto-phan verschlechterte den klinischen EAE-Score in beiden Gruppen, wohingegen eine nachfolgende Trp-Supplementation diesen nur bei Kontrollmäusen wieder senken konnte. Diese AhR-abhängige Verbesserung der Krankheitssymptome konnte auch bei bestimmten Tryptophan-Derivaten wie z. B. I3S, IPA oder IAld beobachtet werden. Die genannten Liganden waren durch AhR-Aktivierung in der Lage, die Expression der proinflammatorischen Gene NOS2, TNFα, IL6 sowie CCL2 in Astrozyten herabzusetzen. Dieser Effekt könnte durch das Protein SOCS2 vermittelt werden, welches durch AhR induziert wird und nachfolgend die Aktivierung von NF-κB limitiert (siehe Abb. 4.4; Rothhammer et al., 2016).

Ebenso war bei humanen Mikroglia eine I3S-vermittelte Aktivierung des AhR mit einer Hemmung der proinflammatorischen Genexpression (TNFA, IL6, IL12A, NOS2) sowie einer Steigerung der IL-10-Synthese verbunden. Darüber hinaus stellten die Autoren eine erhöhte mikrogliäre Expression von TGF-α sowie eine reduzierte Transkription des VEGFB-Gens fest. Diese beiden Wachstumsfak-toren waren in einem EAE-Modell in der Lage, die Aktivierung von NF-κB in

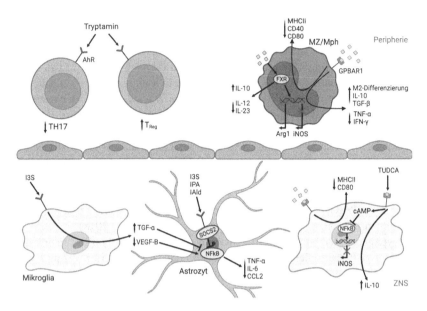

Abb. 4.4 Immunmodulierende und antiinflammatorische Effekte von Gallensäuren und AhR-Liganden[4]

---

[4] GPBAR1-Agonisten können an dem entsprechenden Gallensäurerezeptor von peripheren MZ bzw. Mph binden und fördern neben der Differenzierung zu M2-Makrophagen die Synthese antiinflammatorischer Zytokine sowie die verringerte Produktion proinflammatorischer Stimuli. Darüber hinaus wird die Expression von MHCII samt aktivierender Kostimulatoren reduziert. FXR-Agonisten stimulieren die makrophageale Synthese anti-inflammatorischer Marker (IL-10, Arg1) und hemmen entzündliche Prozesse (IL-12, IL-23, iNOS). Im ZNS fördert TUDCA die mikrogliäre Produktion von IL-10 und hemmt cAMP-vermittelt NF-κB, wodurch die Expression der entzündungsfördernden iNOS reduziert wird. Tryptamin kann durch AhR-Bindung die Differenzierung von T-Zellen beeinflussen. Bestimmte Tryptophan-Derivate sind in der Lage, an AhR von Astrozyten zu binden und induzieren in Folge SOCS2. Dieses Protein hemmt wiederum NF-κB, was zu einer verringerten Synthese pro-inflammatorischer Zytokine führt. Die Hemmung von NF-κB wird zudem durch die Wachstumsfaktoren TGF-α und VEGF-B beeinflusst, wobei ersterer diese unterstützt und letzterer den genannten Transkriptionsfaktor aktiviert. TGF-α wird durch mikrogliäre I3S-Bindung vermehrt exprimiert, wohingegen die Expression von VEGF-B herabgesetzt wird. AhR = Aryl-Hydrocarbon-Rezeptor; Arg1 = Arginase 1; cAMP = Cyclic adenosine monophosphate; CCL2 = CC-Chemokin-Ligand-2; CD40/80 = Cluster of differentiation 40/80; FXR = *Farnesoid X receptor;* GPBAR1 = G Protein-Coupled Bile Acid Receptor 1; I3S = 3-Indoxylsulfat; IAld = Indol-3-aldehyd; IFN-γ = *Interferon-γ;* IL = Interleukin;

Astrozyten zu kontrollieren. VEGF-B scheint den genannten Signalweg zu stimulieren, wohingegen TGF-α einen hemmenden Effekt zeigt (siehe Abb. 4.4). Diese Ergebnisse sprechen somit für einen Mikroglia-vermittelten Einfluss von AhR-Liganden auf die transkriptionelle Aktivität von Astrozyten (Rothhammer et al., 2018).

Tryptophan-Derivate sind darüber hinaus in der Lage, mit migrierenden und peripheren Immunzellen zu interagieren, was eine kürzlich veröffentlichte EAE-Studie mit Tryptamin-Injektion zeigen konnte. Tryptamin wird von der Darmmikrobiota in großen Mengen synthetisiert und führte in der genannten Studie zur Verbesserung einiger krankheits-assoziierter Symptome. Darüber hinaus wurde eine signifikante Abnahme von ZNS-infiltrierenden $CD4^+$-T-Zellen sowie eine verringerte Sekretion von IL-17 durch kultivierte mononukleäre ZNS-Zellen festgestellt. In der Peripherie konnte nach Tryptamin-Gabe eine Abnahme von TH17-Zellen sowie eine Zunahme von regulatorischen T-Lymphozyten beobachtet werden. Diese antiinflammatorischen Effekte waren auch hier eindeutig auf die Aktivierung des AhR zurückzuführen (siehe Abb. 4.4; Dopkins et al., 2021).

4.2.3 Körperbarrieren

In Bezug auf die Darm-Hirn-Achse besitzen zwei natürliche Körperbarrieren eine Relevanz: Die intestinale Barriere und die Blut-Hirn-Schranke (Martin et al., 2018). Die Permeabilität dieser beiden Strukturen bestimmt maßgeblich den Anteil an mikrobiellen Faktoren und Metaboliten, die diese Barrieren durchschreiten und in den systemischen Kreislauf bzw. ins ZNS gelangen können (Logsdon et al., 2018).

4.2.3.1 Intestinale Barriere

Die intestinale Barriere ist eine semipermeable Struktur, welche die Aufnahme essenzieller Nährstoffe sowie die Erkennung von Antigenen durch das Immunsystem erlaubt. Gleichzeitig muss sie aber vor einer unkontrollierten

---

iNOS = *Inducible nitric oxide synthase; IPA = Indol-3-Propionsäure; MHCII* = Major histocompatibility complex class II; Mph = Makrophage; MZ = Monozyt; NF-κB = Nuclear factor kappa B; SOCS2 = Suppressor of cytokine signaling 2; TGF α/β = *Transforming growth factor* α/β; TH17 = Typ17-T-Helferzellen; TNF-α = Tumornekrosefaktor-α; T_{Reg} = Regulatorische T-Zelle; TUDCA = Tauroursodeoxycholsäure; VEGF-B = Vascular endothelial growth factor *B; ZNS = Zentrales Nervensystem* (eigene Darstellung; erstellt mit BioRender.com)

Passage von pathogenen Mikroorganismen und assoziierten Strukturen schützen (Vancamelbeke und Vermeire, 2017). Kommensale Bakterien spielen in der Aufrechterhaltung dieser Barriere eine essenzielle Rolle, was durch mikrobielle Strukturelemente oder Metaboliten vermittelt wird (Ghosh et al., 2021).

Evidenz für eine erhöhte intestinale Permeabilität konnte bei MS u. a. durch Laktulose-Mannitol-Tests erbracht werden, deren Gehalte im Urin Aufschluss über die Durchlässigkeit der Darmschleimhaut geben können. In einer Studie mit 22 RRMS-Patienten wiesen 73 % eine erhöhte intestinale Permeabilität auf, wohingegen nur bei 28 % der gesunden Kontrollen eine erhöhte Durchlässigkeit der Darmmukosa festgestellt werden konnte (p = 0,001; Buscarinu et al., 2017).

Ähnliche Effekte konnten auch im Tiermodell beschrieben werden. So wurden bei EAE-Mäusen erhöhte Plasmakonzentrationen der beiden Markermoleküle Na-F und FITC-BSA sowohl nach 7 als auch 14 Tagen nach Immunisierung festgestellt, was ebenfalls auf eine erhöhte intestinale Permeabilität bei EAE hindeutet. Des Weiteren beobachteten die Autoren neben einer erhöhten Anzahl an IL-17-produzierenden Zellen in der LP auch signifikante Veränderungen in der intestinalen Morphologie, die beispielsweise an tieferen Dünndarm-Krypten erkennbar waren. Diese morphologischen Abweichungen sowie die erhöhte intestinale Permeabilität zeigten sich ebenfalls nach dem intravenösen Transfer von MOG-reaktiven T-Zellen, was für einen destabilisierenden Effekt dieser enzephalogenen Immunzellen auf die intestinale Barriere spricht (Nouri et al., 2014).

Eine wichtige Vermittlerrolle in Bezug auf das Mikrobiom könnte hierbei Zonulin einnehmen, dessen Konzentration sowohl im Dünndarm von EAE-Mäusen (Nouri et al., 2014) als auch im Plasma von RRMS-Patienten signifikant erhöht war (Pellizoni et al., 2021). Die Ausschüttung von Zonulin wird CXCR3/MyD88-abhängig durch Gliadin oder bestimmte Darmbakterien stimuliert und führt zu einer Steigerung der Darmpermeabilität (Wood Heickman et al., 2020). Diese wird durch eine Fehllokalisation der Tight-Junction-Proteine ZO-1, Claudin-5 und Occludin hervorgerufen (siehe Abb. 4.5). Der permeabilitätssteigernde Effekt von Zonulin sowie der Zytokine IL-17A und IFN-γ konnte in-vitro nicht nur bei der intestinalen Barriere, sondern auch bei der Blut-Hirn-Schranke festgestellt werden (Rahman et al., 2018).

In Folge einer erhöhten intestinalen Permeabilität kann es zu einer vermehrten transmukosalen Passage von Mikroorganismen, mikrobiellen Strukturelementen oder Metaboliten kommen. Eine wichtige Rolle besitzen hierbei LPS, welche im Blutplasma von MS-Patienten im Vergleich zu gesunden Kontrollen signifikant erhöht waren. Darüber hinaus konnte ein positiver Zusammenhang zwischen erhöhten LPS-Plasmagehalten und IL-6 festgestellt werden. Ebenso wurde ein starker Trend zwischen erhöhten LPS und höherem EDSS-Score sowie gesteigerten in-vitro-Konzentrationen von IL-17 beobachtet (Teixeira et al., 2013). Auch bei EAE-Mäusen waren sowohl LPS als auch LBP im Blut von erkrankten Tieren signifikant erhöht, was auf eine gesteigerte mikrobielle Translokation mit nachfolgender latenter Endotoxinämie hindeutet (Escribano et al., 2017). Ein potenzieller MS-Pathomechanismus, der LPS mit dem systemischen Immunsystem verbindet, könnte auf der Fähigkeit dieser Zellwandbestandteile basieren, die Synthese von IL-6 durch Monozyten zu stimulieren (Zhang et al., 2019). Da dieses Zytokin eines der wichtigsten Stimulatoren der TH17-Differenzierung darstellt, werden hierdurch möglicherweise pathogenetische Prozesse angestoßen (siehe Abb. 4.5; Zheng et al., 2014).

Im Gegensatz zu LPS wurden bei mikrobiellen Metaboliten überwiegend protektive Effekte beobachtet. So ist IPA in der Lage, PXR-abhängig direkt mit intestinalen Epithelzellen zu interagieren und die Expression von Tight-Junction-Proteinen zu stimulieren (Venkatesh et al., 2014). Darüber hinaus führt eine Aktivierung des AhR auf ILC3-Zellen zur Ausschüttung von IL-22, welches die Proliferation von Epithelzellen fördert und somit eine wichtige Rolle in der Aufrechterhaltung der intestinalen Integrität spielt (Geng et al., 2018). Die sekundären Gallensäuren UDCA und LCA sind in der Lage, die Apoptose von intestinalen Epithelzellen zu hemmen (Lajczak-McGinley et al., 2020). Butyrat, Propionat sowie Acetat können die Synthese von Tight-Junction-Proteinen durch eben genannte Zellen stimulieren (Feng et al., 2018) und besitzen eine wichtige Funktion bei der Aufrechterhaltung der Mukusbarriere. Bei Letzterem spielt die Produktion von Bicarbonat eine wichtige Rolle, welches durch Beta-Oxidation von SCFAs in Kolonozyten entsteht. HCO_3^- ist für die Schichtung des Mukus essenziell (siehe Abb. 4.5; Fang et al., 2021).

4.2.3.2 Blut-Hirn-Schranke

Die Blut-Hirn-Schranke setzt sich aus spezialisierten Endothelzellen zusammen, die eine unkontrollierte Passage von Substanzen aus dem Blut ins ZNS oder vice versa verhindern (Logsdon et al., 2018). Analog zur intestinalen Barriere ist das Mikrobiom essenziell an der Aufrechterhaltung der BHS beteiligt. So wiesen keimfreie Mäuse im Vergleich zu Pathogenfreien Kontrollen eine erhöhte BHS-Permeabilität auf, was auf die reduzierte Expression der Tight-Junction-Proteine Occludin und Claudin-5 zurückzuführen war. Die Kolonisierung erstgenannter Tiere mit Mikrobiota der Kontrollen konnte die Integrität der BHS wiederherstellen (Braniste et al., 2014).

Diese protektiven Effekte des Darmmikrobioms werden nach aktueller Studienlage v. a. durch mikrobielle Metaboliten vermittelt. Eine bedeutende Rolle könnten hierbei SCFAs einnehmen, bei denen das Vorhandensein des FFAR3-Rezeptors auf humanen Hirnendothelzellen nachgewiesen wurde. Dieselbe Studie konnte in-vitro eine stark expressionshemmende Wirkung von Propionat auf das Protein LRP-1 feststellen, welches als Membrantransporter für den In- und Efflux von endogenen und xenobiotischen Substanzen verantwortlich ist. Darüber hinaus führte Propionat bei den untersuchten humanen Hirnendothelzellen zu einer verringerten ROS-Produktion (Hoyles et al., 2018). Des Weiteren konnte eine Butyrat-Gabe bei keimfreien Mäusen mit einer erhöhten Expression von Occludin im frontalen Cortex und Hippocampus in Verbindung gebracht werden (Braniste et al., 2014). Die Gallensäure UDCA war in der Lage, die Apoptose von humanen Hirnendothelzellen zu hemmen (Palmela et al., 2015), wohingegen bei CDCA und DCA eine Erhöhung der BHS-Permeabilität beobachtet werden konnte (siehe Abb. 4.5; Quinn et al., 2014).

Pathogenetisch stehen wieder die LPS im Vordergrund. Erhöhte LPS- und LPB-Gehalte konnten im EAE-Modell sowohl im Blut als auch im Gehirn und Rückenmark festgestellt werden, was die Fähigkeit von mikrobiellen Bestandteilen zur Passage der Blut-Hirn-Schranke untermauert (Escribano et al., 2017). Hirnendothelzellen exprimieren TLRs, sodass eine direkte Interaktion mit mikrobiellen Strukturelementen möglich ist (Nagyoszi et al., 2010). So stellte eine Studie beispielsweise einen Occludin-reduzierenden Effekt von LPS fest, welcher über den TLR4/NF-κB-Signalweg vermittelt wurde (Hu et al., 2017). Die verringerte Expression von Tight-Junction-Proteinen wurde in einer weiteren Studie auch bei Claudin-5 und ZO-1 gezeigt. Hierfür war die Aktivierung des Proteins RHOA und der nachgeschaltete Transkriptionsfaktor NF-κB verantwortlich (He et al., 2011). Darüber hinaus sind LPS in der Lage, durch die Aktivität der NADPH-Oxidase die ROS-Produktion in humanen Hirnendothelzellen zu stimulieren (siehe Abb. 4.5; Yu et al., 2015). ROS können beispielsweise durch direkte Schädigung der Tight-Junction-Proteine oder durch Beeinflussung ihrer Synthese die Permeabilität der BHS erhöhen (Song et al., 2020).

LPS sind auch über residente ZNS-Zellen in der Lage, Einfluss auf die genannte Barrierefunktion zu nehmen. So führte bei Mäusen eine intraperitoneale LPS-Injektion zu einer Dysfunktion der Blut-Hirn-Schranke, welche durch die verstärkte mikrogliäre Produktion von Matrix-Metalloproteinasen gefördert wurde (Frister et al., 2014). Darüber hinaus stimulieren LPS die VEGF-A-Sekretion durch Astrozyten, was eNOS-vermittelt zu einer verringerten Expression von Tight-Junction-Proteinen führt (Park et al., 2015). Ebenfalls fördern LPS die Neuroinflammation, indem sie durch mikrogliäre TLR4-Bindung die Expression von proinflammatorischen Zytokinen stimulieren (siehe Abb. 4.5; Rodriguez-Gomez et al., 2020).

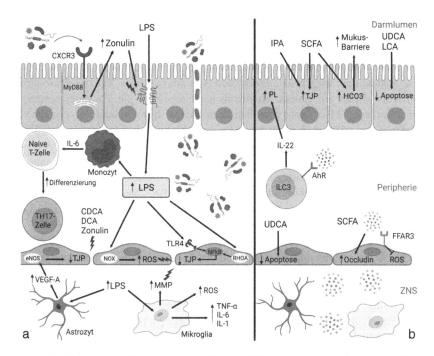

Abb. 4.5 Einfluss des Mikrobioms auf die Permeabilität der intestinalen Barriere und Blut-Hirn-Schranke[5]

[5] **(A) Pathophysiologische Mechanismen:** Bestimmte Darmbakterien können durch Bindung an CXCR3 die Synthese von Zonulin durch Enterozyten stimulieren, welches in Folge eine Fehllokalisation der TJP fördert und somit zu einer höheren Darmpermeabilität beiträgt. Durch die erhöhte Translokation von mikrobiellen Faktoren kommt es zu erhöhten LPS-Gehalten in der LP und Peripherie. LPS sind in der Lage, Monozyten zur Ausschüttung von IL-6 zu stimulieren, wodurch die Differenzierung von proinflammatorischen TH17-Zellen gefördert wird. Darüber hinaus können sie über TLR4/NF-κB oder RHOA/NF-κB die Expression von TJP durch Endothelzellen reduzieren sowie über Aktivierung von NOX zu einer erhöhten ROS-Produktion beitragen. All dies führt zu einer erhöhten Permeabilität der BHS. CDCA, DCA und Zonulin wirken ebenfalls permeabilitätssteigernd. Erhöhte LPS-Konzentrationen im ZNS stimulieren die VEGF-A-Synthese durch Astrozyten, wodurch eNOS-vermittelt die Expression von TJP herabgesetzt wird. Mikroglia produzieren hierbei sowohl vermehrt MMP, welche die Dysfunktion der BHS weiter verstärken als auch proinflammatorische Zytokine, die neuroinflammatorische Vorgänge im ZNS potenzieren. **(B) Protektive Mechanismen:** SCFAs stimulieren die Bikarbonat-Produktion durch Enterozyten, wodurch die Mukus-Barriere gestärkt wird.

4.2.4   Neuronale und neuroendokrine Signalwege

Das ZNS ist über das vegetative Nervensystem in der Lage, bestimmte Funktionen des Gastrointestinaltrakts wie z. B. Motilität, Darmpermeabilität, Sekretion von Säuren und Bikarbonat, Produktion von Mukus oder Mukosa-assoziierte Immunantworten zu steuern. Hierdurch kann das ZNS die Zusammensetzung der intestinalen Mikrobiota erheblich beeinflussen. Der Großteil der genannten Funktionen wird hierbei durch den sympathischen oder parasympathischen Einfluss auf das enterische Nervensystem gesteuert (Mayer et al., 2015), wobei v. a. der Vagusnerv eine bedeutende Rolle in dieser Kommunikation einnimmt (Bonaz et al., 2018). Darüber hinaus ist das ZNS in der Lage, die Ausschüttung von Neurotransmittern oder Zytokinen durch ENS-Neuronen, Immunzellen oder enterochromaffine Zellen zu stimulieren, die ebenfalls die mikrobielle Zusammensetzung des Darms beeinflussen können (Mayer et al., 2015).

Demgegenüber besitzt aber auch die intestinale Mikrobiota die Fähigkeit, über neuronale oder neuroendokrine Wege mit dem ZNS zu kommunizieren und damit möglicherweise pathogenetische Prozesse zu fördern. So sind Darmbakterien in der Lage, Neurotransmitter oder ihre Präkursoren zu produzieren, die nachfolgend in den systemischen Kreislauf gelangen können. Während Neurotransmitter die BHS nicht durchschreiten können, besitzen einige Vorläufersubstanzen diese Fähigkeit und werden daraufhin im ZNS zu ihrer aktiven Form metabolisiert (Huang und Wu, 2021). Diesen Zusammenhang konnte beispielsweise eine Studie an Ferkeln zeigen, bei denen eine Antibiotikagabe zu einer merklichen Veränderung der mikrobiellen Zusammensetzung im Kolon sowie zu signifikant geringeren AAS-Konzentrationen im Blut und Hypothalamus führte. Analog

---

Des Weiteren regen sie gemeinsam mit IPA die TJP-Synthese durch genannte Zellen an. UDCA und LCA senken die Apoptoserate von Enterozyten. AhR-Liganden sind in der Lage, die IL-22-Ausschüttung von ILC3-Zellen zu stimulieren, wodurch die Proliferation von Enterozyten gefördert wird. UDCA wirkt auf Endothelzellen der BHS apoptosehemmend, wobei SCFAs diese Barriere durch Förderung der endothelialen Occludin-Produktion und Hemmung der ROS-Synthese stärken können. AhR = Aryl-Hydrocarbon-Rezeptor; CDCA = Chenodesoxycholsäure; CXCR3 = CXC-Motiv-Chemokinrezeptor 3; DCA = Desoxycholsäure; eNOS = Endothelial nitric oxide synthase; IL = Interleukin; ILC3 = Type 3 innate lymphoid cells; IPA = Indol-3-Propionsäure; LCA = Lithocholsäure; LPS = Lipopolysaccharide; MMP = Matrix-Metalloproteinasen; MyD88 = Myeloid differentiation primary response 88; NF-κB = Nuclear factor kappa B; NOX = NADPH-Oxidase; PL = Proliferation; RHOA = Ras homolog family member A; ROS = Reactive oxygen species; SCFAs = Short-chain fatty acids; TJP = Tight-Junction-Proteine; TLR4 = Toll-like receptor 4; TNF-α = Tumornekrosefaktor-α; UDCA = Ursodeoxycholsäure; VEGF-A = Vascular endothelial growth factor A (eigene Darstellung; erstellt mit BioRender.com)

wurde auch eine verringerte hypothalische Konzentration von Dopamin und Serotonin festgestellt, was auf eine wichtige Rolle von Tyrosin, Phenylalanin und
Tryptophan als Präkursoren der Neurotransmittersynthese im ZNS hindeutet (Gao
et al., 2018).

Die Studienlage in Bezug auf direkte mechanistische Zusammenhänge mit
MS ist bisher sehr beschränkt, wobei bei bestimmten Neurotransmittern mögliche
Pathomechanismen postuliert wurden. Neben der Möglichkeit einer eigenständi-
gen Produktion (Strandwitz, 2018) ist die Darmmikrobiota v. a. über SCFAs in
der Lage, die Serotonin-Synthese in enterochromaffinen Zellen zu stimulieren
(Reigstad et al., 2015). Die Relevanz dieser Mikrobiom-vermittelten Produktion
zeigten Studien an keimfreien Mäusen, bei denen verringerte Serotoninkonzentra-
tionen im Plasma, Kolon und Fäzes beobachtet wurden (Yano et al., 2015). Der
genannte Neurotransmitter ist in der Lage, die Polarisation von humanen Makrophagen zu beeinflussen. In-vitro konnte sowohl eine verringerte Ausschüttung
von LPS-induzierten proinflammatorischen Zytokinen als auch eine vermehrte
Expression von M2-assoziierten Genen festgestellt werden (Casas-Engel et al.,
2013).

Des Weiteren besitzt Serotonin die Fähigkeit, T-Lymphozyten zu modulieren,
was eine Zellkulturstudie bei MS-Patienten zeigte. So war dieser Neurotransmitter
in der Lage, die Produktion von IL-17, IL-6 und IL-22 durch $CD4^+$-T-Zellen zu
reduzieren sowie die Freisetzung von IL-10 durch T_{Regs} zu fördern (Sacramento
et al., 2018). Entsprechend schwächt eine verringerte Mikrobiota-assoziierte Synthese von Serotonin das antiinflammatorische Potential dieses Neurotransmitters
ab, sodass proinflammatorische Prozesse in einem geringeren Ausmaß gehemmt
werden (siehe Abb. 4.6; Malinova et al., 2018). Im ZNS könnte die aus Tryptophan stattfindende Produktion von Serotonin durch die vermehrte Aktivität
des katabolischen Kynureninwegs gestört sein und auch hier zur Reduktion
antiinflammatorischer Prozesse führen (San Hernandez et al., 2020).

Auch GABA war in der Lage, proinflammatorische T-Zell-Antworten zu
unterdrücken (Tian et al., 2004). Gleichzeitig deutet eine EAE-Studie auf ein
erhöhtes Vorhandensein von mikrobiellen Genen hin, die für den Abbau von
GABA verantwortlich sind. Ein Mangel dieses Neurotransmitters könnte in
Folge pathogene Prozesse fördern (Johanson et al., 2020). Diese Hypothese wird
durch eine aktuelle Thesis unterstützt, welche die orale Gabe von *Lactococ-
cus lactis* bei EAE-Mäusen untersuchte. Die genannte Bakterienspezies, welche
in Folge einer genetischen Modifikation große Mengen an GABA produzierte,

führte bei den untersuchten Tieren zu einer signifikant reduzierten Krankheitsschwere (Kohl, 2021). Des Weiteren wurde bei Acetat durch Isotopenmarkierung gezeigt, dass diese Fettsäure die BHS durchschreiten kann und in neurogliäre Stoffwechselzyklen eingeschleust wird. In Folge kam es im Gehirn zu einer Konzentrationssteigerung von u. a. GABA und Glutamat (Frost et al., 2014). Beide Neurotransmitter waren bei MS-Patienten in bestimmten Hirnbereichen erniedrigt und konnten mit vermehrten krankheitsbedingten Einschränkungen assoziiert werden (siehe Abb. 4.6; Cawley et al., 2015; Muhlert et al., 2014).

Ein weiterer endokriner Signalweg, der im mechanistischen Zusammenhang zwischen MS und Mikrobiom eine Rolle spielen könnte, ist die HPA-Achse. Hierbei konnten Studien mit keimfreien Mäusen übereinstimmend zeigen, dass diese Tiere im Vergleich zu pathogenfreien Versuchsobjekten eine signifikant höhere stressinduzierte Aktivität der HPA-Achse aufwiesen (Vagnerova et al., 2019). Bei MS-Patienten wurde eine erhöhte Anzahl an CRH- und Vasopressin-exprimierenden Neuronen entdeckt, wohingegen bei Studienteilnehmern mit aktiven MS-Läsionen ein geringeres Vorhandensein dieser Neuronen festgestellt werden konnte (Huitinga et al., 2004). Hohe Kortisol-Konzentrationen in der ZSF wurden mit einer langsameren Krankheitsprogression in Verbindung gebracht, wohingegen niedrigere Gehalte mit einer größeren Anzahl an aktiven Läsionen korrelierte (Melief et al., 2013).

Neben endokrinen und parakrinen Signalwegen ist es bestimmten enteroendokrinen Zellen im GIT möglich, durch neuronale Reizweiterleitung direkt mit dem ZNS zu kommunizieren. Dies geschieht durch bestimmte Zellerweiterungen, den sogenannten Neuropods, die durch synaptische Ausschüttung von Glutamat direkt mit afferenten Ausläufern des Vagusnervs kommunizieren können. Hierdurch ist eine unverzögerte Signalweitergabe an das ZNS möglich (Liddle, 2019). Eine Stimulierung dieser Neuropod-Zellen konnte bisher für bestimmte Nährstoffe wie z. B. Saccharose oder Glukose gezeigt werden (Kaelberer et al., 2018). Der direkte Nachweis einer mikrobiellen Aktivierung dieses neuronalen Signalwegs mit nachfolgender Auswirkung auf MS bzw. EAE fehlt allerdings bisher (siehe Abb. 4.6).

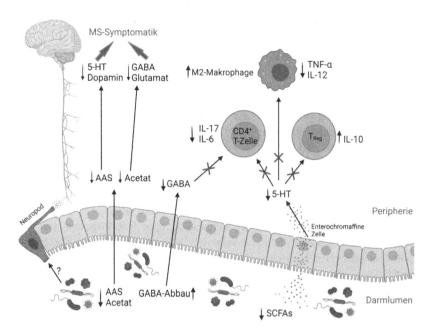

Abb. 4.6 Mikrobiom-assoziierte neuronale und endokrine Pathomechanismen bei MS[6]

---

[6] Veränderungen in der Mikrobiota können bei MS zu einem erhöhten Abbau von GABA sowie einer geringeren mikrobiellen Synthese von SCFAs führen. Die reduzierte Stimulation von enterochromaffinen Zellen durch letztgenannte Verbindungen hat eine verringerte Produktion von 5-HT zur Folge, wodurch dessen immunregulierender Einfluss auf T-Lymphozyten sowie Makrophagen abgeschwächt wird. Die folglich vermehrt vorhandenen proinflammatorischen Zytokine fördern systemische und neuronale Entzündungen. AAS und Acetat, die durch ein dysbiotisches Mikrobiom in geringeren Mengen produziert werden, sind in der Lage, die BHS zu durchschreiten und werden im Gehirn zur Synthese von u.a. GABA, Glutamat, Dopamin und 5-HT verwendet. Die Produktion dieser Neurotransmitter wird durch eine verringerte Verfügbarkeit der genannten Präkursoren herabgesetzt, was zu einer Steigerung der MS-Symptomatik führen könnte. Manche enteroendokrine Zellen besitzen spezielle Erweiterungen, sog. Neuropods, die über Neurotransmitter (z. B. Glutamat) direkt mit vagalen Synapsen kommunizieren können. Potential und genauer Mechanismus einer mikrobiellen Aktivierung sind aber noch unbekannt. 5-HT = 5-Hydroxytryptamin; AAS = Aromatische Aminosäuren; CD = Cluster of differentiation; GABA = Gamma-Aminobuttersäure; IL = Interleukin; MS = Multiple Sklerose; SCFAs = Short-chain fatty acids; TNF-α = Tumornekrosefaktor-α; T_{Reg} = Regulatorische T-Zellen (eigene Darstellung; erstellt mit BioRender.com)

4.3   Mikrobiom-assoziierte präventive und therapeutische Möglichkeiten

4.3.1   Antibiotika

Im Zuge der Literaturrecherche wurden insgesamt zwölf geeignete Studien identifiziert, welche den Effekt einer Antibiotikagabe auf bestimmte MS-relevante Parameter analysierten. Hierbei nutzten acht der inkludierten Publikationen ein präklinisches Tiermodell (siehe Tab. 4.2). Insgesamt zeigte ein Großteil der letztgenannten Studien auf, dass die präventive Gabe von Antibiotika vor oder gleichzeitig zur stattfindenden Immunisierung positive Auswirkungen auf verschiedene MS-relevante Parameter hat. Während Colpitts et al. (2017) eine signifikante Verzögerung der Krankheitsentstehung beobachteten, stellten Gödel et al. (2020) eine signifikant geringere Inzidenz in der Antibiotikagruppe fest. Insgesamt vier der aufgeführten Studien berichteten im Vergleich zu den Kontrollmäusen von einem signifikant geringeren klinischen EAE-Score in der Interventionsgruppe. Protektive Effekte konnten auch Mestre et al. (2019) zeigen, die durch Antibiotikagabe in der präsymptomatischen Phase einer TMEV-induzierten Enzephalomyelitis positive Auswirkungen auf motorische Funktionen und den axonalen Zustand beobachteten.

Ausnahmen stellten die Publikationen von McMurran et al. (2019) und Stanisavljevic et al. (2019) dar. Erstere Autoren konnten bei einer hohen Dosis kombinierter Antibiotika einen negativen Einfluss auf die Differenzierung von OPCs beobachten. Letztgenannte Publikation stellte einen ungünstigen Effekt einer perinatalen Antibiotikagabe auf den klinischen EAE-Score fest. Im Gegensatz zur präventiven Anwendung konnten die Studien von Gödel et al. (2020) sowie Melzer et al. (2008) keine signifikanten Auswirkungen einer rein therapeutischen Antibiotikabehandlung feststellen. Insgesamt wurden sowohl Veränderungen in der mikrobiellen Zusammensetzung als auch immunmodulierende Effekte für die beschriebenen MS-relevanten Folgen einer Antibiotikagabe verantwortlich gemacht.

Klinische Studien mit MS-Patienten sind selten, sodass im Rahmen der Literaturrecherche nur vier Publikationen ausfindig gemacht werden konnten. Mazdeh und Mobaien (2012) sowie Minagar et al. (2008) untersuchten die Auswirkungen einer Doxycyclin-Gabe bei MS-Patienten mit aktivem Krankheitsgeschehen und IFN-β-Therapie. Durch die Intervention konnte der EDSS-Score, die Schubrate sowie die Anzahl an ZNS-Läsionen signifikant gesenkt werden. Dahingegen zeigte eine Kombinationstherapie mit Glatirameracetat und Minocyclin bei Metz et al. (2009) keine signifikanten Auswirkungen auf die Anzahl der T1-Läsionen

Tab. 4.2 Präklinische und klinische Interventionsstudien mit Antibiotika zur Modulation MS-relevanter Outcomes

Referenz	Studienobjekte	Intervention	Ergebnisse	Mögliche Mechanismen
Präklinische Studien				
Colpitts et al. (2017)	NOD-Mäuse EAE	Orale Gabe eines Antibiotika-Mix für 14 Tage ab EAE-Induktion (u. a. Ampicillin, Vancomycin, Neomycin)	IG vs. KG: ↓ Klinischer EAE-Score (p < 0,05) ↓ Verzögerung der Krankheitsentstehung (p = 0,0005)	↑ T_{Reg} in Peyerschen Plaques
Gödel et al. (2020)	C57BL/6 + SJL/J Mäuse EAE	Orale Gabe eines Antibiotika-Mix für 2 Wochen vor EAE-Induktion oder für 2 Wochen nach EAE-Ausbruch	Prophylaktische Gabe: ↓ EAE-Inzidenz in der IG (p < 0,05) Therapeutische Gabe: Keine sig. Unterschiede zw. IG und KG	↓ IL-17- und TNF-α-produzierende T-Zellen
McMurran et al. (2019)	C57BL/6 Mäuse Lysolecithin-induzierte Demyelinisierung	Orale Gabe eines Antibiotika-Mix für 8 Wochen vor Lysolecithin (u. a. Ampicillin, Ciprofloxacin, Vancomycin)	↑ OPC-Differenzierung ↓ Beseitigung von Myelintrümmern	Entzündungsreaktionen durch veränderte Mikrobiota-Zusammensetzung
Melzer et al. (2008)	C57BL/6 Mäuse EAE	Orale Gabe von Ceftriaxon ab Immunisierung (PI) oder ab Auftreten neurologischer Symptome (TI)	Kumulativer EAE-Score: ↓ PI vs. KG (p < 0,001) ↓ TI vs. KG (p = 0,05) ↓ PI vs. TI (p < 0,01)	↓ T-Zell-Migration ins ZNS ↓ T-Zell-Proliferation ↓ IL-17, IFN-γ

(Fortsetzung)

Tab. 4.2 (Fortsetzung)

Referenz	Studienobjekte	Intervention	Ergebnisse	Mögliche Mechanismen
Mestre et al. (2019)	SJL/J Mäuse TMEV	Orale Gabe eines Antibiotika-Mix für 15 Tage nach Virusinfektion (u. a. Ampicillin, Vancomycin)	IG vs. KG: ↓ Motorische Dysfunktion ($p < 0,05$) ↓ Axonaler Schaden ($p < 0,01$)	↑ $CD4^+CD39^+$-T-Zellen und $CD5^+$-B-Zellen im ZNS ↓ IL-17 in der Peripherie
Miyauchi et al. (2020)	C57BL/6 Mäuse EAE	Orale Gabe eines Antibiotika-Mix ab 7 Tage vor EAE-Induktion (u. a. Ampicillin, Vancomycin, Metronidazol) oder einzeln	Sig. geringerer klinischer EAE-Score mit Antibiotika-Mix und Ampicillin vs. KG ($p < 0,05$) ↓ Demyelinisierung im RM durch Ampicillin	↑ Infiltration von TH1- und TH17-Zellen ins RM durch Ampicillin ↓ Zytokin-Produktion durch MOG-spezifische T-Zellen
Ochoa-Reparaz et al. (2009)	SJL/J + C57BL/6 Mäuse EAE	Gabe eines Antibiotika-Mix (p.o. oder i.p.) für 7 Tage vor EAE-Induktion (Ampicillin, Vancomycin, Neomycin)	Orale Antibiotikagabe vs. KG: ↓ Klinischer EAE-Score ($p < 0,01$) Keine sig. Ergebnisse bei intraperitonealer Gabe	↓ Kommensale Bakterien ↑ T_{Reg} im MLK und ZLK ↓ IL-10, IL-13 ↓ IL-17
Stanisavljevic et al. (2019)	Dark Agouti Ratten EAE	Orale, perinatale Gabe eines Antibiotika-Mix vor Immunisierung (Pränatal: Verabreichung an Mutter)	IG vs. KG: ↑ Klinischer EAE-Score ($p < 0,05$)	Veränderte mikrobielle Zusammensetzung und Diversität ↓ T_{Reg} ↑ IFN-γ, IL-17
Klinische Studien				
Mazdeh und Mobaien (2012)	n = 60 RRMS oder SPMS mit aktiver IFN-β-Therapie und KH-Durchbruch	Doxycyclin für 6 Monate	EDSS-Score vor vs. nach Therapie: 4,5 vs. 3,0 ($p < 0,001$) Schubrate (Häufigkeit Steroidpulstherapie) vor vs. nach Therapie: 3,2 vs. 0,8 ($p < 0,001$)	n.u.

(Fortsetzung)

Tab. 4.2 (Fortsetzung)

Referenz	Studienobjekte	Intervention	Ergebnisse	Mögliche Mechanismen
Metz et al. (2009)	n = 44 RRMS, davon: n = 21 IG n = 23 PG	IG: GA und Minocyclin PG: GA und Placebo für jeweils 9 Monate	Gesamtzahl von Gd$^+$T1-Läsionen IG vs. PG: 1,47 vs. 2,95 (p = 0,08) Anzahl an bestätigten Schüben: 0,19 vs. 0,43 (p > 0,05)	n.u.
Metz et al. (2017)	n = 142 KIS, davon: n = 72 IG n = 70 PG	Minocyclin oder Placebo täglich für 24 Monate oder bis zur MS-Diagnose	MS-Diagnose (nach McDonald-Kriterien): Adj. Risiko IG vs. PG nach 6 Monaten: 43,0 % vs. 61,5 % (p = 0,01) Adj. Risiko IG vs. PG nach 24 Monaten: 63,0 % vs. 74,2 % (p = 0,17)	n.u.
Minagar et al. (2008)	n = 15 RRMS mit aktiver IFN-β-Therapie und KH-Durchbruch	Doxycyclin für 4 Monate	Anzahl von Gd$^+$-Läsionen pro MRT vor vs. während der Intervention: 8,8 vs. 4,0 (p < 0,001) Sig. reduzierter EDSS-Score durch Intervention (p < 0,001)	n.u.

Soweit nicht anders angegeben, beziehen sich die angeführten Kontrollgruppen auf krankheitsinduzierte Tiere ohne Antibiotikagabe. Adj. = Adjustiert; C57BL/6 = C57 black 6; CD = Cluster of differentiation; EAE = Experimentelle autoimmune Enzephalomyelitis; EDSS = Expanded disability status scale; GA = Glatirameracetat; Gd$^+$T1-Läsionen = Gadolinium-enhancing T1-Läsionen; IFN = Interferon; IG = Interventionsgruppe; IL = Interleukin; i.p. = Intraperitoneal; KIS = Klinisch isoliertes Syndrom; KG = Kontrollgruppe; KH = Krankheit; MLK = Mesenteriallymphknoten; MOG = Myelin-Oligodendrozyten-Glykoprotein; MRT = Magnetresonanztomographie; MS = Multiple Sklerose; NOD = Non obese diabetic; n.u. = nicht untersucht; OPC = Oligodendrocyte progenitor cell; PG = Placebogruppe; PI = Permanente Intervention; p.o. = Per os; RM = Rückenmark; sig. = signifikant; RRMS = Relapsing remitting multiple sclerosis; SJL/J = *Swiss Jim Lambert/J*; SPMS = Secondary progressive multiple sclerosis; TH = T-Helferzelle; TI = Therapeutische Intervention; TMEV = *Theiler's murine encephalomyelitis virus*; TNF-α = Tumornekrosefaktor-α; T$_{Reg}$ = Regulatorische T-Zelle; ZLK = Zervikaler Lymphknoten; ZNS = Zentrales Nervensystem

sowie die Frequenz von Schüben. Metz et al. (2017) stellten bei KIS-Patienten durch Gabe des eben genannten Antibiotikums ein geringeres adjustiertes Risiko einer MS-Diagnose nach sechs Monaten fest. Nach 24 Monaten konnte dagegen kein signifikanter Unterschied zwischen der Interventions- und Placebogruppe mehr beobachtet werden.

4.3.2 Probiotika

Im Zuge der Literaturrecherche wurde eine große Anzahl an präklinischen Studien identifiziert, welche die Auswirkungen von Probiotika auf bestimmte MS-relevante Parameter untersuchten. Elf präklinische Studien konnten hierbei die definierten Einschlusskriterien erfüllen und wurden in diese Auswertung inkludiert (siehe Tab. 4.3). Zusammenfassend berichtete ein Großteil dieser Publikationen von positiven Effekten einer präventiven als auch therapeutischen Probiotika-Gabe. Dies zeigte sich im prophylaktischen Setting in einer signifikant geringeren Krankheitsinzidenz sowie einem verringerten klinischen EAE-Score. Secher et al. (2017) konnten darüber hinaus auch eine geringere Mortalität feststellen. Diese Effekte wurden vorwiegend bei verschiedenen Taxa innerhalb der Gattungen *Lactobacillus* und *Bifidobacterium*, aber auch bei *Streptococcus thermophilus*, *Prevotella histicola* oder *Escherichia coli* Nissle beobachtet. Hierbei erzielte die Gabe von einzelnen Bakterienspezies bzw. -stämmen ähnlich gute Effekte wie die Verabreichung von Kombinationspräparaten. Im Gegensatz dazu konnten beispielsweise Mangalam et al. (2017) keine signifikanten Auswirkungen einer isolierten Gabe der Kommensale *Capnocytophaga sputigena*, *E. coli* oder *Prevotella melaninogenica* auf EAE-Inzidenz und -Score feststellen. Der *E. coli*-Stamm K12 MG1655 war bei Secher et al. (2017) im Gegensatz zu ECN nicht in der Lage, den kumulativen EAE-Score signifikant zu senken.

Eine rein therapeutische Gabe von einzelnen Bakterienstämmen oder Kombinationspräparaten führte ebenfalls zu krankheitsmildernden Effekten, was sich an einem geringeren klinischen EAE-Score sowie verbesserten motorischen Eigenschaften zeigte. So war in der Studie von Shahi et al. (2020) die isolierte als auch kombinierte Gabe von *P. histicola* mit IFN-β genauso effektiv wie die alleinige Verabreichung des genannten Immuntherapeutikums. Mestre et al. (2020) stellten durch die Gabe von Vivomixx, welches während der chronischen Krankheitsphase verabreicht wurde, eine signifikante Verbesserung der motorischen Funktionsfähigkeit fest. Allerdings gibt es auch Unterschiede in der Wirksamkeit verschiedener Probiotika. So konnte in der Studie von Calvo-Barreiro et al. (2020) nur eines von zwei Kombinationspräparaten zu einer signifikanten

Tab. 4.3 Präklinische und klinische Interventionsstudien mit Probiotika zur Modulation MS-relevanter Outcomes

Referenz	Studienobjekte	Intervention	Ergebnisse	Mögliche Mechanismen
Präklinische Studien				
Calvo-Barreiro et al. (2020)	C57BL/6 Mäuse EAE	Tägliche orale Gabe von zwei probiotischen Kombinationspräparaten (Lactibiane iki, Vivomixx) ab 13–16 Tage nach Immunisierung bis zum Tag 34	Klinischer EAE-Score (AUC): Lactibiane vs. KG: 72,6 vs. 83,88 (p = 0,029) Vivomixx vs. KG: 75,35 vs. 83,88 (p = 0,100) Motorische Fähigkeiten (Rotarod in Sek.): Lactibiane vs. KG: 25,75 vs. 15,82 (p = 0,04) Vivomixx vs. KG: 27,64 vs. 15,82 (p = 0,035)	Lactibiane iki: ↑ T_{Regs} in der Peripherie ↑ Tolerogene DCs ↓ Plasmazellen in der Peripherie Vivomixx: ↓ DCs mit Kostimulatoren
Consonni et al. (2018)	Lewis Ratten EAE	Orale Gabe von Lactobacilli (*L. crispatus* + *L. rhamnosus*) oder Bifidobacteria (*B. animalis* subsp. Lactis) ab 7 Tage vor Immunisierung	Klinischer EAE-Score bei Krankheitspeak: *Lactobacilli* vs. KG: 1,25 vs. 2,5 (p < 0,05) *Bifidobacteria* vs. KG: 0 vs. 2,5 (p < 0,01)	↑ IL-6 ↓ IL-17, TNF-α ↓ Infiltration von T-Zellen ins ZNS ↓ Reaktive Astrozyten
He et al. (2019)	C57BL/6 Mäuse EAE	Orale Gabe von *L. reuteri* ab Immunisierung für insgesamt 20 Tage	EAE-Inzidenz: ↓ IG vs. KG (p < 0,05) Tag 10–20 Durchschnittlicher kumulativer EAE-Score: ↓ IG vs. KG (p < 0,01) Tag 10–20	↑ Alpha-Diversität ↓ TH1-, TH17-Zellen ↓ IL-17, IFN-γ
Kwon et al. (2013)	C57BL/6 Mäuse EAE	Orale Gabe eines probiotischen Kombinationspräparats (IRT5) ab 3 Wochen vor (PI) oder 12 Tage nach Immunisierung (TI)	EAE-Inzidenz: ↓ PI vs. KG (p < 0,001) Täglicher klinischer EAE-Score: ↓ PI vs. KG (p < 0,05) Tag 10–30 ↓ TI vs. KG (p < 0,05) Tag 14–24	↑ T_{Regs} in der Peripherie und ZNS ↑ IL-10 ↓ TH1/ TH17-Polarisierung in der Peripherie und ZNS

(Fortsetzung)

Tab. 4.3 (Fortsetzung)

Referenz	Studienobjekte	Intervention	Ergebnisse	Mögliche Mechanismen
Lavasani et al. (2010)	C57BL/6 Mäuse EAE	Orale Gabe verschiedener *Lactobacillus*-Stämme ab 12 Tage vor Immunisierung oder 2 Wochen nach EAE-Ausbruch oder therap. Gabe eines probiotischen Kombinationspräparats (*L. paracasei, L. plantarum*)	Durchschnittlicher klinischer EAE-Score: <u>Prävention</u>: ↓ *L. paracasei* und *L. plantarum* (2 Stämme) vs. KG <u>Therapie</u>: ↓ KP vs. KG (p≤0,05) ab 6. Behandlungstag Keine signifikanten Effekte der einzelnen *Lactobacillus*-Stämme	↑ T_{Regs} im MLK ↑ IL-10 ↓ TNF-α, IFN-γ, IL-17 ↓ CD4+-T-Zellen im ZNS
Mangalam et al. (2017)	HLA-DR3.DQ8 transgenic mice EAE	Orale Gabe von *Capnocytophaga sputigena, P. histicola, E. coli* oder *P. melaninogenica* 1 Woche nach Immunisierung für 12 Tage	<u>EAE-Inzidenz:</u> ↓ *P. histicola* vs. KG (p < 0,005) Durchschnittlicher kumulativer EAE-Score: ↓ *P. histicola* vs. KG (p≤0,005)	↑ T_{Regs} im MLK ↑ Tolerogene DCs ↓ TH1-, TH17-Zellen
Mestre et al. (2020)	SJL/J Mäuse TMEV	Orale Gabe eines probiotischen Kombinationspräparats (Vivomixx; u. a. *L. paracasei, L. plantarum, B. longum, S. thermophilus*) 70–85 Tage nach Infektion	IG vs. KG: ↓ Motorische Dysfunktion (p < 0,01)	↑ B_{Regs} im ZNS ↑ Butyrat und Acetat im Plasma ↓ Infiltration von Leukozyten ins ZNS ↓ IL-17 im MLK
Salehipour et al. (2017)	C57BL/6 Mäuse EAE	Orale Gabe von *L. plantarum* A7, *B. animalis* oder in Kombination (KP) ab Immunisierung für insgesamt 22 Tage	<u>EAE-Inzidenz:</u> ↓ *L. plantarum* vs. KG (p < 0,05) ↓ *B. animalis* vs. KG (p < 0,05) ↓ KP vs. KG (p < 0,001) <u>EAE-Score:</u> Durchschnittlicher maximaler KP vs. KG: 2,3 ± 0,47 vs. 4,88 ± 0,33 (p < 0,001)	↑ T_{Regs} in Lymphknoten und Milz ↓ TH1-, TH17-Zellen im Gehirn und Milz

(Fortsetzung)

Tab. 4.3 (Fortsetzung)

Referenz	Studienobjekte	Intervention	Ergebnisse	Mögliche Mechanismen
Sanchez et al. (2020)	C57BL/6 + SJL/J Mäuse EAE	Orale Gabe von *L. paracasei*-Stämmen 2 Wochen vor EAE-Induktion (LLb) oder abgetötet 2 Wochen vor (HKP) bzw. 3 Wochen nach Immunisierung (HKT)	EAE-Inzidenz: ↓ LLb vs. KG ($p \leq 0,0001$) ↓ HKP vs. KG ($p \leq 0,05$) Klinischer EAE-Score: ↓ LLb vs. KG ($p \leq 0,01$) ↓ HKP vs. KG ($p \leq 0,01$) ↓ HKT vs. KG ($p \leq 0,05$)	MAMPs-vermittelte TLR2-Aktivierung, dadurch: ↓ Proinflammatorische Chemokine ↓ Infiltration von Immunzellen ins ZNS
Secher et al. (2017)	C57BL/6 Mäuse EAE	Orale Gabe von *E. coli* Nissle 1917 (ECN) oder *E. coli* K12 MG1655 ab 7 Tage vor Immunisierung	EAE-Inzidenz: ↓ ECN vs. KG ($p < 0,001$) ↓ MG1655 vs. KG ($p < 0,01$) Kumulativer EAE-Score: ↓ ECN vs. KG ($p < 0,001$) ↓ MG1655 vs. KG ($p > 0,05$) Mortalität: ↓ ECN vs. KG ($p < 0,05$)	↑ IL-10 ↓ IL-17, TNF-α, IFN-γ ↓ Migration von CD4$^+$-Zellen ins ZNS ↓ Intestinale Permeabilität
Shahi et al. (2020)	HLA-DR3.DQ8 transgenic mice EAE	Orale Gabe von *P. histicola*, IFN-β oder in Kombination ab Krankheitsausbruch für insgesamt 14 Tage	Durchschnittlicher kumulativer EAE-Score: ↓ IFN-β vs. KG ($p \leq 0,01$) ↓ *P. histicola* + IFN-β vs. KG ($p \leq 0,001$) ↓ *P. histicola* vs. KG ($p \leq 0,001$)	↑ T$_{Regs}$ im GALT ↓ Aktivierung von Astrozyten und Mikroglia ↓ IL-17- und IFN-γ-produzierende T-Zellen im ZNS

(Fortsetzung)

Tab. 4.3 (Fortsetzung)

Referenz	Studienobjekte	Intervention	Ergebnisse	Mögliche Mechanismen
Klinische Studien				
Kouchaki et al. (2017)	n = 60 RRMS, davon: n = 30 IG, n = 30 PG	Orale Gabe eines probiotischen Kombinationspräparats (*L. casei, L. acidophilus, L. fermentum, B. bifidum*) oder Placebo (Stärke) für 12 Wochen	Adj. Veränderungen im EDSS-Score IG vs. PG: $-0{,}4 \pm 0{,}1$ vs. $0{,}05 \pm 0{,}1$ (p = 0,003) Adj. Veränderungen im GHQ-Score IG vs. PG: $-8{,}5 \pm 1{,}1$ vs. $-3{,}2 \pm 1{,}1$ (p = 0,002) Adj. Veränderungen im BDI-Score IG vs. PG: $-5{,}5 \pm 0{,}8$ vs. $-1{,}3 \pm 0{,}8$ (p < 0,001)	↑ NO ↓ CRP
Rahimlou et al. (2022)	n = 65 RRMS, davon: n = 32 IG, n = 33 PG	Orale Gabe eines probiotischen Kombinationspräparats (u. a. *B. bifidum, B. longum, L. casei, L. rhamnosus*) oder Placebo für 6 Monate	Veränderungen im GHQ-28-Score IG vs. PG: $-5{,}31 \pm 4{,}62$ vs. $-1{,}81 \pm 4{,}23$ (p = 0,002) Veränderungen im BDI-II-Score IG vs. PG: $-4{,}81 \pm 0{,}79$ vs. $-1{,}90 \pm 0{,}96$ (p = 0,001) Veränderungen im PRI IG vs. PG: $-3{,}15 \pm 4{,}51$ vs. $-0{,}09 \pm 3{,}67$ (p = 0,004)	↑ BDNF ↓ IL-6

(Fortsetzung)

Tab. 4.3 (Fortsetzung)

Referenz	Studienobjekte	Intervention	Ergebnisse	Mögliche Mechanismen
Salami et al. (2019)	n = 48 RRMS, davon: n = 24 IG n = 24 PG	Orale Gabe eines probiotischen Kombinationspräparats (u. a. *B. lactis*, *L. casei*, *L. reuteri*) oder Placebo für 4 Monate	Veränderungen im EDSS-Score IG vs. PG: −0,52 ± 0,04 vs. 0,16 ± 0,07 (p < 0,001) Veränderungen im GHQ-28-Score IG vs. PG: −6,7 ± 1,17 vs. −3,04 ± 1,13 (p = 0,03) Veränderungen im BDI-Score IG vs. PG: −5,08 ± 0,71 vs. −2,62 ± 0,78 (p = 0,026)	↑ IL-10 ↑ NO ↓ IL-6 ↓ CRP

Soweit nicht anders angegeben, beziehen sich die angeführten Kontrollgruppen auf krankheitsinduzierte Tiere ohne Probiotika-Gabe. Die angegebenen Tage in den Ergebnissen verweisen auf den Zeitpunkt ab Immunisierung. Adj. = Adjustiert; AUC = Area under the curve; B. = *Bifidobacterium*; BDI = Beck-Depressions-Inventar; BDNF = Brain-derived neurotrophic factor; B$_{Regs}$ = Regulatorische B-Zellen; C57BL/6 = C57 black 6; CD = Cluster of differentiation; CRP = C-reaktives Protein; DCs = Dendritische Zellen; E. = *Escherichia*; EAE = Experimentelle autoimmune Enzephalomyelitis; ECN = *Escherichia coli* Nissle; EDSS = Expanded disability status scale; GALT = Gut associated lymphoid tissue; GHQ = General health questionnaire; HLA = Human leukocyte antigen; HKP = Heat-killed preventive; HKT = Heat-killed therapeutic; IFN = Interferon; IG = Interventionsgruppe; IL = Interleukin; KG = Kontrollgruppe; KP = Kombinationspräparat; L. = *Lactobacillus*; LLb = Live *lactobacilli*; MAMPs = Microbe-associated molecular patterns; MLK = Mesenteriallymphknoten; NO = Stickstoffmonoxid; P. = *Prevotella*; PG = Placebogruppe; PI = Permanente Intervention; PRI = Pain rating index; RRMS = Relapsing remitting multiple sclerosis; S. = *Streptococcus*; Sek. = Sekunden; SJL/J = *Swiss Jim Lambert/J*; TH = T-Helferzelle; Therap. = Therapeutisch; TI = Therapeutische Intervention; TLR = Toll-like receptor; TMEV = Theiler's murine encephalomyelitis virus; TNF-α = Tumornekrosefaktor-α; T$_{Reg}$ = Regulatorische T-Zelle; ZNS = Zentrales Nervensystem

Verbesserung des EAE-Scores beitragen. Lavasani et al. (2010) stellten einen positiven Effekt einer kombinierten *Lactobacillus*-Gabe auf den genannten Parameter fest, welcher dagegen durch die isolierte Verabreichung der untersuchten *Lactobacillus*-Stämme nicht signifikant verbessert werden konnte.

Die inkludierten klinischen Studien berichteten bei RRMS-Patienten von durchwegs positiven Effekten einer therapeutischen Gabe von verschiedenen Kombinationspräparaten. Hierbei wurden im Vergleich zur Placebogruppe signifikante Unterschiede im EDSS-, GHQ-, BDI-Score sowie in einer Schmerzskala festgestellt. Über alle Studien hinweg wurden die beobachteten Veränderungen v. a. mit der Induktion von immunregulierenden Zellen und Hemmung proinflammatorischer Faktoren in Verbindung gebracht.

4.3.3 Postbiotika

Im Rahmen der Literaturrecherche wurden insgesamt acht präklinische Studien identifiziert, die sich mehrheitlich mit den Effekten von SCFAs beschäftigten (siehe Tab. 4.4). Hierbei berichteten die inkludierten Publikationen größtenteils von positiven Effekten einer präventiven SCFA-Gabe auf verschiedene MS-relevante Endpunkte. Neben einer signifikanten Verbesserung des klinischen EAE-Scores konnten auch histologische Effekte beobachtet werden, die sich bei Park et al. (2019) in einer verringerten Gewebezerstörung im Rückenmark sowie bei Chen et al. (2019) in einer signifikant geringeren Demyelinisierung im Corpus Callosum zeigten. Chevalier und Rosenberger (2017) stellten durch Acetat-Gabe zudem signifikante Verbesserungen der motorischen Fähigkeiten fest.

Demgegenüber berichteten manche Studien von nicht signifikanten Effekten einzelner Fettsäuren. So stellten Mizuno et al. (2017) zwar eine signifikante Verbesserung des klinischen EAE-Scores unter Acetat- und Propionat-Gabe fest, einen positiven Effekt von Butyrat konnten die Autoren dagegen nicht beobachten. Ebenso waren Chen et al. (2019) nicht in der Lage, die o.g. reduzierte Demyelinisierung durch Butyrat mit Acetat und Propionat zu wiederholen. Haghikia et al. (2015) zeigten eine signifikante Verschlechterung des klinischen EAE-Scores durch eine präventive Gabe der längerkettigen Laurinsäure auf. Darüber hinaus untersuchten letztgenannte Autoren den therapeutischen Effekt einer Propionsäure-Supplementation und konnten in Folge keine signifikante Verbesserung des klinischen EAE-Scores feststellen.

Studien, die sich mit den Auswirkungen von Gallensäuren auf bestimmte EAE-relevante Parameter beschäftigten, sind selten und die Ergebnisse der beiden inkludierten Publikationen gemischt. Während Bhargava et al. (2020) positive

Tab. 4.4 Präklinische und klinische Interventionsstudien mit Postbiotika zur Modulation MS-relevanter Outcomes

Referenz	Studienobjekte	Intervention	Ergebnisse	Mögliche Mechanismen
Präklinische Studien				
Bhargava et al. (2020)	C57BL/6 Mäuse EAE	Orale Gabe von TUDCA ab Krankheitsausbruch bis Tag 28 nach Immunisierung	Klinischer EAE-Score: ↓ IG vs. KG (p < 0,05) an Tag 28 Demyelinisierung: ↓ IG vs. KG (p < 0,05)	↓ Proinflammatorische Polarisierung von Mikroglia ↓ Neurotoxische Polarisierung von Astrozyten
Chen et al. (2019)	C57BL/6J Mäuse Cuprizon-induzierte Demyelinisierung	Orale Gabe von SCFAs (Acetat, Butyrat oder Propionat) ab 1 Woche vor Cuprizon-Gabe	Myelinisierte Bereiche im CC: ↑ Butyrat vs. KG (p < 0,05) Acetat, Propionat vs. KG (p > 0,05) Anzahl an MG und Anteil von aktivierten MG im CC: IG vs. KG (p > 0,05)	↑ Oligodendrozyten-Reifung
Chevalier und Rosenberger (2017)	C57BL/6 Mäuse EAE	Orale Gabe von Acetat (GTA) ab Immunisierung für insgesamt 40 Tage	Täglicher klinischer EAE-Score: ↓ IG vs. KG (p≤0,05) an Tag 22–40 Hanging wire test (Sek.): ↑ IG vs. KG (p≤0,05) an Tag 20–40	↑ FS-Synthese im RM ↓ Verlust essenzieller Myelin-Phospholipide

(Fortsetzung)

Tab. 4.4 (Fortsetzung)

Referenz	Studienobjekte	Intervention	Ergebnisse	Mögliche Mechanismen
Haghikia et al. (2015)	C57BL/6 Mäuse EAE	Orale Gabe von Laurinsäure 4 Wochen vor Immunisierung (LA) oder orale Gabe von PA ab Immunisierung (PAP) oder ab Krankheitsausbruch (PAT)	Durchschnittlicher klinischer EAE-Score: ↑ LA vs. KG ($p < 0{,}05$) ↓ PAP vs. KG ($p < 0{,}001$) PAT vs. KG ($p > 0{,}05$)	LA: ↑ TH1-, TH17-Zellen im Dünndarm PA: ↑ T_{Regs} in der LP
Ho und Steinman (2016)	C57BL/6J Mäuse EAE	Orale tägliche Gabe von 6-ECDCA oder CDCA 15 Tage nach Immunisierung für insgesamt 15 Tage	Täglicher klinischer EAE-Score: ↓ 6-ECDCA vs. KG ($p < 0{,}05$) ab Tag 23 CDCA vs. KG ($p > 0{,}05$)	↓ IFN-γ ↓ TNF ↓ CD4$^+$ T-Zellen in der Milz
Mizuno et al. (2017)	C57BL/6 Mäuse EAE	Orale Gabe von SCFAs (Acetat, Butyrat oder Propionat) ab 3 Wochen vor Immunisierung	Klinischer EAE-Score: ↓ Acetat, Propionat vs. KG ($p < 0{,}05$) Butyrat vs. KG ($p > 0{,}05$)	↑ T_{Regs} in Lymphknoten (Propionat und Butyrat) ↑ IL-17 in Lymphknoten (Butyrat) ↓ IFN-γ in Lymphknoten (Butyrat)
Park et al. (2019)	C57BL/6 Mäuse EAE	Orale Gabe eines SCFA-Mix (Acetat, Butyrat und Propionat) ab 2 Wochen vor Immunisierung	Kumulativer klinischer EAE-Score: ↓ IG vs. KG ($p < 0{,}05$) Histologischer Score im RM: ↓ IG vs. KG ($p < 0{,}05$)	↑ IL-10- und IL-17- prod. CD4$^+$ T-Zellen im ZNS ↑ IL-10-Expression im RM ↓ IL-6-Expression im Gehirn

(Fortsetzung)

Tab. 4.4 (Fortsetzung)

Referenz	Studienobjekte	Intervention	Ergebnisse	Mögliche Mechanismen
Yan et al. (2010)	C57BL/6 Mäuse EAE	Intraperitoneale Applikation von 3-HAA täglich ab einem Tag nach Immunisierung	Täglicher klinischer EAE-Score: ↓ IG vs. KG ($p < 0,001$) ab Tag 14. Späterer Beginn klinischer Symptome	↑ Differenzierung von T_{Regs} ↑ Expression von TGF-β ↓ Differenzierung von TH1-Zellen
Klinische Studien				
Duscha et al. (2020)	n = 154 MS, davon: n = 97 IG n = 57 KG ohne Supplementation	Orale Supplementation von Propionsäure (Kapseln) als Add-on Therapie 2x täglich für mindestens 1 Jahr	Jährliche Schubrate ein Jahr vor vs. nach PA-Supplementation: 0,24 vs. 0,08 ($p = 0,0002$) Risiko Krankheitsprogression: ↓ IG vs. KG ($p = 0,0027$) Stabilisierung des EDSS-Scores durch Intervention	↑ Volumen graue Substanz im Gehirn ↑ Anzahl T_{Regs} und mitochondriale Atmung ↑ IL-10 ↓ Anzahl TH17-Zellen

Soweit nicht anders angegeben, beziehen sich die angeführten Kontrollgruppen auf krankheitsinduzierte Tiere ohne Postbiotika-Gabe. Die angegebenen Tage in den Ergebnissen verweisen auf den Zeitpunkt ab Immunisierung. 3-HAA = 3-Hydroxyanthranilsäure; 6-ECDCA = 6-*Ethyl-Chenodesoxycholsäure*; C57BL/6 = C57 black 6; CC = Corpus Callosum; CD = Cluster of differentiation; CDCA = Chenodesoxycholsäure; EAE = Experimentelle autoimmune Enzephalomyelitis; EDSS = Expanded disability status scale; FS = Fettsäure; GTA = Glycerintriacetat; IFN = Interferon; IG = Interventionsgruppe; IL = Interleukin; KG = Kontrollgruppe; LA = Lauric acid; LP = Lamina propria; MG = Mikroglia; MS = Multiple Sklerose; PA = Propionic acid; PAP = Propionic acid preventive; PAT = Propionic acid therapeutic; prod. = produzierend; RM = Rückenmark; SCFAs = Short-chain fatty acids; Sek. = Sekunden; TGF-β = *Transforming growth factor* β; TH = T-Helferzelle; TNF = Tumornekrosefaktor; T_{Regs} = Regulatorische T-Zellen; TUDCA = Tauroursodeoxycholsäure; ZNS = Zentrales Nervensystem

Effekte einer therapeutischen TUDCA-Gabe auf den klinischen EAE-Score beobachteten, konnten Ho und Steinman (2016) dies bei CDCA nicht feststellen. Der
semisynthetische Metabolit 6-ECDCA war dagegen in der Lage, den angesprochenen Parameter signifikant zu senken. Die Gabe des Tryptophan-Metaboliten
3-HAA führte bei Yan et al. (2010) zu einem späteren Beginn klinischer Symptome und konnte den EAE-Score signifikant senken. Mechanistisch wurden
die krankheitsmodulierenden Effekte der angesprochenen Postbiotika u. a. auf
die Reduktion proinflammatorischer Immunzellen mit entsprechenden Mediatoren, Induzierung von T_{Regs} sowie die Beeinflussung von ZNS-residenten Zellen
zurückgeführt.

Die einzige bis dato publizierte klinische Studie untersuchte die Auswirkung einer langfristigen oralen Supplementation von Propionsäure als Add-on
Therapie. Hierbei stellten die Autoren u. a. eine signifikant geringere jährliche Schubrate sowie ein reduziertes Risiko für eine Krankheitsprogression
fest. Mechanistisch konnten diese Effekte auf eine Normalisierung des TH17/
T_{Reg}-Verhältnisses sowie histologische Veränderungen im Gehirn zurückgeführt
werden.

4.3.4 Diätetische Interventionen

Insgesamt konnten drei präklinische Studien identifiziert werden, welche die
Auswirkungen einer präventiven ballaststoffreichen Ernährung auf MS-relevante
Endpunkte untersuchten (siehe Tab. 4.5). Mizuno et al. (2017) stellten hierbei
einen signifikant geringeren klinischen EAE-Score an verschiedenen Tagen nach
Immunisierung fest. Ebenfalls konnte eine abgeschwächte Demyelinisierung im
Rückenmark beobachtet werden. Eine ballaststoffarme Ernährung führte dagegen
zu keinen signifikanten Effekten, wobei aber ein Trend zur Symptomsteigerung
im Vergleich zur Kontrollgruppe erkennbar war. Berer et al. (2018) stellten durch
Gabe eines cellulosereichen Futters eine verringerte Inzidenz in einem spontanen
EAE-Modell fest, wohingegen sich der durchschnittliche klinische Score unter
den symptomatischen Mäusen nicht von der Kontrollgruppe unterschied. In einem
weiteren Experiment zeigten die Autoren, dass die Krankheitsentstehung im jun-
gen Alter durch einen Wechsel der Diäten beeinflusst werden kann. Im Vergleich
zu Tieren ohne Ernährungsumstellung entwickelten Mäuse mit Wechsel auf die
ballaststoffreiche Kost seltener EAE. Park et al. (2019) konnten dagegen keine
positiven Effekte einer pektin- und inulinreichen bzw. -haltigen Kost auf den
klinischen EAE-Score beobachten.

Tab. 4.5 Mikrobiom-assoziierte diätetische Interventionsstudien zur Modulation MS-relevanter Outcomes

Referenz	Studienobjekte	Intervention	Ergebnisse	Mögliche Mechanismen
Präklinische Studien				
Berer et al. (2018)	C57BL/6 Mäuse OSE	Exp. 1: Gabe eines cellulosereichen (CR; 26 % Cellulose) oder Standardfutters (CD) ab Geburt Exp. 2: Wechsel oder Beibehaltung der zugeteilten Diät im Alter von 4 Wochen	Exp. 1: ↓ Spontane EAE-Inzidenz CR vs. CD im Alter von 12 Wochen ($p < 0{,}01$) Durchschn. EAE-Score unter den erkrankten Mäusen CR vs. CD ($p > 0{,}05$) Exp. 2: ↓ Spontane EAE-Inzidenz CD zu CR vs. CD zu CD ($p < 0{,}01$); ↑ CR zu CD vs. CR zu CR ($p < 0{,}05$)	Veränderung der Mikrobiota-Zusammensetzung ↑ IL-4-, IL-5-produzierende T-Zellen in der siLP und Milz ↓ IL-17-, IFN-γ-produzierende T-Zellen in der siLP und Milz
Cignarella et al. (2018) Suppl. Table S2	C57BL/6J Mäuse EAE	Gabe eines gewöhnlichen Futters alle 2 Tage (IMF) oder ad libitum (KG) ab 4 Wochen vor Immunisierung	EAE-Inzidenz: ↓ IMF vs. KG ($p < 0{,}007$) Tage bis Krankheitsausbruch: IMF vs. KG: 19,4 vs. 15,2 ($p = 0{,}04$) Kumulativer klinischer EAE-Score: IMF vs. KG: 7,6 vs. 26,9 ($p = 0{,}004$)	↑ Diversität der Mikrobiota ↑ T_{Regs} in der LP ↓ IL-17-produzierende T-Zellen in der LP

(Fortsetzung)

Tab. 4.5 (Fortsetzung)

Referenz	Studienobjekte	Intervention	Ergebnisse	Mögliche Mechanismen
Jensen et al. (2021)	C57BL/6J, AE°.DR2 sowie SJL/J Mäuse EAE	Gabe eines isoflavonfreien (IF) oder isoflavonreichen (IR; Genistein + Daidzein) Futters ab 6 Wochen vor Immunisierung für insgesamt 6 Wochen	Klinischer EAE-Score (AUC): ↓ C57BL/6J IR vs. IF (p < 0,05) ↓ AE°.DR2 IR vs. IF (p < 0,01) ↓ SJL/J IR vs. IF (p < 0,001)	Veränderung der Mikrobiota-Zusammensetzung ↓ Infiltration von CD4⁺-T-Zellen ins ZNS ↓ MOG-spezifische T-Zellen in Lymphknoten und Milz
Mizuno et al. (2017)	C57BL/6 Mäuse EAE	Gabe eines ballaststoffreichen (HFD; 30 % Pektin), -armen (LFD; < 0,3 %) oder Kontrollfutters (CD; 5 % Cellulose) ab 2 Wochen vor Immunisierung	Klinischer EAE-Score: ↓ HFD vs. CD (p < 0,05) ↓ HFD vs. LFD (p < 0,05) ↑ LFD vs. CD (p > 0,05) Demyelinisierung im RM: ↓ HFD vs. CD an Tag 34	↑ Acetat und Propionat im Caecum (HFD)
Park et al. (2019)	C57BL/6 Mäuse EAE	Gabe eines ballaststoffreichen (HFD; 15 % Pektin und Inulin), -haltigen (MFD; 5 %) oder -armen (LFD; 0 %) Futters ab 2 Wochen vor Immunisierung	Klinischer EAE-Score: HFD vs. MFD vs. LFD (p > 0,05)	↑ TH1-, TH17-Zellen, T_{Regs} (MFD, HFD)
Sonner et al. (2019)	C57BL/6J Mäuse EAE	Tryptophan-freie Diät (TFD) oder Kontrolldiät (CD) ab Immunisierung	TFD verhinderte den Krankheitsausbruch bei allen Versuchsobjekten Kumulativer klinischer EAE-Score: TFD vs. CD (p < 0,0001)	Veränderung der Mikrobiota-Zusammensetzung ↓ Zirkulierende MOG-reaktive CD4⁺-T-Zellen ↓ IL-17A

(Fortsetzung)

Tab. 4.5 (Fortsetzung)

Referenz	Studienobjekte	Intervention	Ergebnisse	Mögliche Mechanismen
Klinische Studien				
Saresella et al. (2017)	n = 20 RRMS, davon: n = 10 IG n = 10 KG	Diät mit hohem Gemüse- und niedrigem Proteinanteil (HV/LP) in der IG sowie typische westliche Diät (WD) in der KG für jeweils mindestens 12 Monate vor Studienbeginn und während des 12-monatigen Follow-ups	EDSS-Score am Ende des Follow-ups: HV/LP vs. WD: 1,0 vs. 2,5 (p = 0,001) Patienten mit Krankheitsschüben während des Follow-ups: HV/LP vs. WD: 3 vs. 9 (p = 0,0005)	↑ Lachnospiraceae ↓ IL-17-produzierende T-Zellen

Die angegebenen Tage in den Ergebnissen verweisen auf den Zeitpunkt ab Immunisierung. AUC = Area under the curve; C57BL/6 = C57 black 6; CD = Control diet; CD4 = Cluster of differentiation 4; CR = Cellulose-rich; EAE = Experimentelle autoimmune Enzephalomyelitis; EDSS = Expanded disability status scale; Exp. = Experiment; HFD = High-fiber diet; HV/LP = High vegetable/low protein; IF = Isoflavonfrei; IFN = Interferon; IG = Interventionsgruppe; IL = Interleukin; IMF = Intermittierendes Fasten; IR = Isoflavon-reich; KG = Kontrollgruppe; LFD = Low-fiber diet; LP = Lamina propria; MFD = Medium-fiber diet; MOG = Myelin-Oligodendrozyten-Glykoprotein; OSE = Opticospinal encephalomyelitis; RM = Rückenmark; RRMS = Relapsing remitting multiple sclerosis; siLP = Small intestine lamina propria; SJL/J = *Swiss Jim Lambert/J*; Suppl. = Supplementary; TFD = Tryptophan-free diet; TH = T-Helferzellen; T$_{Regs}$ = Regulatorische T-Zellen; WD = Western diet; ZNS = Zentrales Nervensystem

Jensen et al. (2021) untersuchten die Auswirkung einer isoflavonreichen Ernährung in drei verschiedenen Mausmodellen, um die humane MS möglichst genau nachzuahmen. AE⁰.DR2-Mäuse exprimieren hierbei humanes HLA-DR2, während SJL/J Mäuse einen RRMS-ähnlichen Krankheitsverlauf entwickeln. Bei allen Modellen führte eine isoflavonreiche Ernährung, welche 6 Wochen vor Immunisierung gegeben wurde, zu einer signifikanten Reduktion des klinischen EAE-Scores. Des Weiteren zeigte sich, dass auch restriktive Maßnahmen positive Effekte auf EAE-bezogene Parameter haben können. So war in der Studie von Sonner et al. (2019) eine Tryptophan-freie Kost in der Lage, den Krankheitsausbruch bei allen Versuchstieren zu verhindern. Cignarella et al. (2018) untersuchten die Auswirkung von intermittierendem Fasten und konnten eine signifikant geringere EAE-Inzidenz, einen verzögerten Krankheitsausbruch sowie einen niedrigeren kumulativen EAE-Score in der IG feststellen. Für die beschriebenen protektiven Effekte der diätetischen Interventionen wurden u. a. die Veränderung der Mikrobiota-Zusammensetzung, Verringerung von IL-17-produzierenden T-Zellen, Induktion von T_{Regs} und die Steigerung von SCFAs verantwortlich gemacht.

Nur eine klinische Studie erfüllte die vorab definierten Einschlusskriterien. Diese beschäftigte sich mit den Effekten einer Kost mit hohem Gemüse- und niedrigem Proteinanteil sowie einer typischen westlichen Diät. Basierend auf ihrem bisherigen Ernährungsstil wurden die Studienteilnehmer retrospektiv in eine der beiden Gruppen eingeteilt und folgten der jeweiligen Ernährungsform im nachfolgenden Follow-up. Durch erstgenannte Ernährungsweise konnte nach 12 Monaten sowohl der EDSS-Score als auch die Anzahl der Patienten, die während des Follow-ups einen Schub erlitten, signifikant gesenkt werden.

4.3.5   Fäkale Mikrobiota-Transplantation

Die bisherige Studienlage zum Effekt einer fäkalen Mikrobiota-Transplantation auf MS-relevante Outcomes ist sehr überschaubar, weswegen insgesamt nur fünf Publikationen mit den vorab definierten Einschlusskriterien identifiziert werden konnten (siehe Tab. 4.6). Li K. et al. (2020) untersuchten die Auswirkungen einer präventiven Gabe von Fäzes, welche von gesunden Mäusen gesammelt, aufbereitet und als Suspension verabreicht wurde. Hierbei stellten sie einen späteren Krankheitsausbruch in der Interventionsgruppe fest, der sich im Vergleich zur Kontrollgruppe signifikant verzögerte (mindestens 8 Tage). Des Weiteren war der kumulative EAE-Score in der FMT-Gruppe signifikant verringert (p < 0,05). Wang et al. (2021) führten ein ähnliches Experiment in einem therapeutischen

Setting durch, indem sie o.g. Suspension ab dem zu erwarteten klinischen Beginn der Erkrankung verabreichten. Hierbei konnten die Autoren einen signifikant geringeren kumulativen EAE-Score sowie eine reduzierte Anzahl an infiltrierenden Zellen in der histologischen Analyse des Rückenmarks feststellen. Die genannten Studien assoziierten diese FMT-vermittelten Effekte mit einer Veränderung der Mikrobiota-Zusammensetzung. Darüber hinaus wurde eine verringerte Aktivierung von ZNS-residenten Zellen, eine geringere Permeabilität der BHS sowie eine veränderte Expression von neuroprotektiven bzw. inflammatorischen Genen festgestellt.

Die drei eingeschlossenen klinischen Studien stellen ausschließlich Fallstudien dar, welche entsprechend nur mit einzelnen Versuchspersonen durchgeführt wurden. Makkawi et al. (2018) berichteten von einer SPMS-Patientin, deren EDSS-Score durch eine FMT langfristig stabilisiert werden konnte. Darüber hinaus wurde eine geringfügige Verbesserung verschiedener FS-Scores (z. B. Funktionen des pyramidalen Systems) festgestellt. Engen et al. (2020) untersuchten bei einem RRMS-Patienten die Effekte zweier FMT-Interventionen innerhalb eines Jahres. Hierbei beobachteten die Autoren signifikante Verbesserungen verschiedener Gangparameter (z. B. Schrittweite, Schrittzeit) sowie bestimmter Fähigkeiten (z. B. Treppensteigen, Gehstrecke). Als mechanistische Erklärung können mikrobielle Veränderungen im Darm herangezogen werden, die sich in einem erhöhten Speziesreichtum, F/B-Ratio oder vermehrten Vorkommen von *F. prausnitzii* sowie SCFAs zeigten.

Borody et al. (2011) berichteten von insgesamt drei MS-Fällen, bei denen eine ursprünglich für die Obstipationsbehandlung gedachte FMT positive Effekte auf neurologische Symptome und damit verbundene Fähigkeiten ausübte. So erlangte ein gehbehinderter RRMS-Patient nach der FMT die Gehfähigkeit wieder zurück und blieb 15 Jahre nach der Intervention schubfrei. Erstere konnte auch bei einem zweiten Patienten mit atypischer MS beobachtet werden, welcher zudem von einem merklichen Rückgang von Bein-Parästhesien berichtete. Die dritte Patientin, welche ebenfalls die Diagnose „atypische MS" erhielt, konnte nach der FMT selbstständig wieder größere Distanzen gehen.

Tab. 4.6 Präklinische und klinische Studien mit fäkaler Mikrobiota-Transplantation zur Modulation MS-relevanter Outcomes

Referenz	Studienobjekte	Intervention	Ergebnisse	Mögliche Mechanismen
Präklinische Studien				
Li K. et al. (2020)	C57BL/6 Mäuse EAE	Orale Gabe von aufbereiteten Fäzes gesunder Mäuse täglich für 42 Tage ab Immunisierung	Kumulativer klinischer EAE-Score: ↓ FMT vs. KG (p < 0,05) Zeitpunkt des Krankheitsausbruchs: Signifikant später bei FMT vs. KG (p < 0,001)	Veränderung der Mikrobiota-Zusammensetzung ↑ Integriät der BHS ↓ Aktivierung von Mikroglia und Astrozyten
Wang et al. (2021)	C57BL/6 Mäuse EAE	Orale Gabe von aufbereiteten Fäzes gesunder Mäuse jeden 2. Tag von Tag 10 nach Immunisierung bis Ende des Experiments (Tag 19)	Kumulativer klinischer EAE-Score: ↓ FMT vs. KG (p < 0,05) Pathologischer Score im RM: ↓ FMT vs. KG (p < 0,05)	Veränderung der Mikrobiota-Zusammensetzung ↑ Expr. neuroprotektiver Gene ↓ Expr. inflammatorischer Gene
Klinische Studien				
Borody et al. (2011)	n = 3 MS	5 bzw. 10 FMT-Infusionen zur Obstipationsbehandlung bei MS-Patienten mit nachfolgendem mehrjährigen Follow-up	Beseitigung der Obstipation, Verbesserung der neurologischen MS-Symptome (u. a. Parästhesie), Fähigkeit zu Gehen wiedererlangt	n.u.

(Fortsetzung)

Tab. 4.6 (Fortsetzung)

Referenz	Studienobjekte	Intervention	Ergebnisse	Mögliche Mechanismen
Engen et al. (2020) Suppl. Table 11+15	n = 1 RRMS	Zwei FMT-Interventionen (rektal) während der einjährigen Studiendauer	Signifikante Verbesserung verschiedener MS-Gangparameter (z. B. Schrittweite, -frequenz, -zeit) und von vier Parametern des MSWS-12 im Zeitverlauf: Treppensteigen, Balance, Gehstrecke, ruhiges Gehen	↑ Speziesreichtum, Shannon-Index, F/B-Ratio, *F. prausnitzii* ↑ SCFAs im Fäzes ↑ BDNF im Serum
Makkawi et al. (2018)	n = 1 SPMS (EDSS 6)	Einmalige rektale FMT mit zehnjährigem Follow-up	Stabilisierung des EDSS-Scores Geringfügige Verbesserung der FS-Scores	n.u.

Die angeführten Kontrollgruppen beziehen sich auf krankheitsinduzierte Tiere ohne fäkale Transplantation. BDNF = Brain-derived neurotrophic factor; BHS = Blut-Hirn-Schranke; C57BL/6 = C57 black 6; EAE = Experimentelle autoimmune Enzephalomyelitis; EDSS = Expanded disability status scale; Expr. = Expression; F. = *Faecalibacterium*; F/B-Ratio = Firmicutes-Bacteroidetes-Ratio; FMT = Fäkale Mikrobiota-Transplantation; FS-Scores = Functional systems *scores*; KG = Kontrollgruppe; MS = Multiple Sklerose; MSWS-12: Twelve item MS walking scale; n.u. = nicht untersucht; RM = Rückenmark; RRMS = Relapsing remitting multiple sclerosis; SCFAs = Short-chain fatty acids; SPMS = Secondary progressive multiple sclerosis; Suppl. = Supplementary

Diskussion 5

5.1 Zusammensetzung der Darmmikrobiota bei MS-Patienten

Zusammenfassend liegt bei Betrachtung der Diversität eine sehr inkonsistente Studienlage vor (siehe Abschn. 4.1.1). Bei der Alpha-Diversität konnte der Großteil der eingeschlossenen Publikationen keine signifikanten Unterschiede zwischen MS-Patienten und gesunden Kontrollen aufzeigen. Darüber hinaus lassen sich bei den wenigen Studien, die von signifikanten Ergebnissen berichteten, nur schwer allgemeine Trends ableiten. So war laut manchen Papern die Alpha-Diversität bei MS-Patienten erniedrigt, wohingegen andere Publikationen eine Erhöhung feststellten. Bei Betrachtung der Beta-Diversität ist die Studienlage ebenfalls als eher uneinheitlich zu betrachten, wobei die Anzahl an signifikanten (Teil-)Ergebnissen im Vergleich zur Alpha-Diversität deutlich höher ist.

Auch bei anderen Krankheitsbildern wie z. B. Adipositas (Pinart et al., 2022) oder chronisch entzündlichen Darmerkrankungen (Aldars-Garcia et al., 2021) mangelt es bei den diversen Alpha- und Beta-Diversitätsindices an Konsistenz. Die uneinheitlichen Ergebnisse kommen möglicherweise durch vorhandene Limitationen der veröffentlichten Publikationen zustande, welche im weiteren Verlauf dieser Diskussion erläutert werden. Gleichzeitig könnte die inkonsistente Studienlage aber auch auf einen geringeren Stellenwert der mikrobiellen Gesamtstruktur und auf deutlich bedeutsamere Veränderungen auf taxonomischer Ebene hindeuten.

In der Tat lassen sich zwischen den eingeschlossenen Studien einige taxonomische Gemeinsamkeiten finden, wobei sich diese eher auf niedrigeren Rangstufen zeigten (siehe Abschn. 4.1.2). Auf Phylum-Ebene sind die Ergebnisse sehr inkonsistent, wobei man vorsichtig betrachtet einen abnehmenden Trend von

Bacteroidetes und ein höheres Vorhandensein von Firmicutes bei MS-Patienten erkennen kann. Die Relation zwischen diesen beiden Phyla, das sog. Firmicutes-Bacteroidetes-Verhältnis, konnte in der Vergangenheit mit vielen pathologischen Zuständen assoziiert werden (Magne et al., 2020) und gilt als Marker der intestinalen Homöostase (Stojanov et al., 2020). Ob und in welcher Ausprägung dieses Verhältnis auch bei MS eine Rolle spielt, kann aufgrund der begrenzten Studienlage noch nicht abschließend beurteilt werden. Einige der inkludierten Studien sprechen außerdem für ein vermehrtes Auftreten des Phylums Actinobacteria bei MS-Patienten. Dies steht im Einklang mit anderen Krankheitsbildern wie z. B. chronisch entzündlichen Darmerkrankungen (Becker et al., 2015) und könnte darauf hindeuten, dass diese Abteilung eine wichtige Rolle im Krankheitsprozess der Multiplen Sklerose einnimmt.

Bei Betrachtung niedrigerer Rangstufen lässt sich ein erhöhtes Vorkommen von Bakterien mit potenziell proinflammatorischer Wirkung erkennen, was beispielsweise bei *Streptococcus* der Fall ist. Eine mechanistische Studie zeigte, dass ein erhöhtes Vorhandensein dieser Gattung negativ mit der Anzahl regulatorischer T-Zellen im peripheren Blut korrelierte, wohingegen bei TH17-Zellen ein positiver Zusammenhang hergestellt wurde (Zeng et al., 2019). Entsprechend könnte *Streptococcus* eine wichtige Rolle im Krankheitsprozess einnehmen und beispiels-weise, basierend auf den Ergebnissen von Cosorich et al. (2017), einen schubfördernden Effekt bei RRMS-Patienten besitzen. Des Weiteren könnten Desulfovibrionaceae bzw. *Desulfovibrio* entzündungsfördernde Effekte vermitteln. Diese Bakterien sind in der Lage, Sulfat zu Schwefelwasserstoff (H_2S) zu reduzieren. Letztere Verbindung kann sowohl den Butyratstoffwechsel in Kolonozyten hemmen als auch die mukosale Darmbarriere schädigen, wodurch die Entstehung einer proinflammatorischen Lage gefördert wird (Figliuolo et al. 2017).

Obwohl *Dorea* als Bestandteil einer gesunden Darmmikrobiota angesehen wird, könnten auch diese Bakterien eine pathogene Rolle einnehmen. So sind bestimmte Spezies dieser Gattung in der Lage, IFN-γ zu induzieren, Sialinsäuren zu metabolisieren sowie Mucin abzubauen. Diese Bakterien könnten somit in Abhängigkeit von der umgebenden Darmmikrobiota oder den verfügbaren Nährstoffen sowohl pro- als auch antiinflammatorische Eigenschaften annehmen. Da *Blautia* die von *Dorea* produzierten Gase verwertet, könnte letztere Gattung bei MS-Patienten zusätzlich das Wachstum von *Blautia* fördern (Shahi et al., 2017).

Auch bei weiteren übergeordneten Taxa wurden durch funktionelle Studien Hinweise auf ambivalente Eigenschaften entdeckt, was u. a. auf die Wichtigkeit einer Bestimmung auf Spezies- oder Stammebene hindeutet. Die mögliche Problematik einer zu allgemeinen Betrachtungsweise zeigt sich beispielsweise bei der Gattung *Prevotella*, die eine hohe genetische Variabilität sowohl zwischen als auch innerhalb der einzelnen Spezies besitzt (Larsen, 2017). Im Zusammenspiel mit entsprechenden Umweltfaktoren können hierbei sowohl gesundheitsfördernde als auch pathogene Prozesse angestoßen werden.

So sind bestimmte Spezies dieser Bakteriengattung in der Lage, pflanzliche Polysaccharide abzubauen sowie den Glukosestoffwechsel zu verbessern. Andererseits wird ein *Prevotella*-reiches Mikrobiom mit dem Auftreten inflammatorischer Erkrankungen wie z. B. rheumatoider Arthritis, Periodontitis oder metabolischen Erkrankungen in Verbindung gebracht (Iljazovic et al., 2021). Eine mögliche pathogene Rolle wird auch durch eine mechanistische Studie unterstützt, die zeigte, dass *Prevotella* die Produktion der inflammatorisch wirkenden TH17-Zellen im Kolon von Mäusen induzieren kann (Huang et al., 2020). Im Gegensatz hierzu berichteten die inkludierten Publikationen bei MS-Patienten übereinstimmend von einem verringerten Vorkommen dieser Bakteriengattung.

Die Notwendigkeit einer spezifischeren Betrachtungsweise lässt sich auch bei *Clostridium* bzw. den entsprechenden Clustern erkennen. Während viele Spezies der genannten Gattung kommensale Eigenschaften aufweisen und wichtige Regulatoren der intestinalen Homöostase darstellen, sind manche Arten wie z. B. *C. perfringens* oder *C. difficile* in der Lage, pathogene Prozesse anzustoßen (Guo et al., 2020). Abhängig von den vorherrschenden intestinalen Umweltfaktoren könnte sich das Verhältnis bestimmter Spezies bzw. Stämme verändern, was durch die Betrachtung übergeordneter Taxa möglicherweise nicht erkennbar ist. Dies stellt eventuell einen Grund für die sehr inkonsistente Studienlage bei *Clostridium* dar. Entsprechend sollten zukünftige Studien, auch abseits von *Prevotella* und *Clostridium*, ihre Betrachtung auf Spezies- und/oder Stammebene ausweiten, um Veränderungen bei spezifischen Taxa besser erkennen zu können.

Bei den typischen SCFA-produzierenden Bakterien ergibt sich kein eindeutiges Bild bezüglich eines erhöhten (*Akkermansia, Bifidobacterium*) oder erniedrigten (*Faecalibacterium, Roseburia*) Vorhandenseins. Hierbei steht das vermehrte Auftreten der erstgenannten Kommensale dem geringeren SCFA-Gehalt, welcher bei MS-Patienten beobachtet wurde (siehe Abschn. 4.2.2.1), konträr gegenüber. Im Gegensatz zu MS wurde bei anderen Erkrankungen wie z. B. Adipositas oder Diabetes mellitus wiederholt ein verringertes Vorkommen von *Akkermansia muciniphila* und *Bifidobacterium* festgestellt (Xu et al., 2020; Arboleya et al., 2016).

Ein Grund für die Diskrepanzen bei erstgenannter Spezies könnten die ambivalenten Eigenschaften dieses Bakteriums sein. So produziert *Akkermansia muciniphila* Mucin-abbauende Enzyme, welche in Folge die immunmodulierenden Verbindungen Acetat und Propionat synthetisieren. Ebenfalls konnte ein

Endotoxin-reduzierender Effekt beobachtet werden, der stärkend auf die Darmbarriere wirkte. Im Gegensatz dazu ist diese Bakterienspezies aber auch in der
Lage, beispielsweise Gene von proinflammatorischen Zytokinen hochzuregulie-
ren. Letzteres scheint v. a. in Kombination mit einer schon zuvor bestehenden
Entzündung der Fall zu sein (Xu et al., 2020). Entsprechend könnte *Akkermansia* die bereits bestehende proinflammatorische Lage bei MS verstärken, was
das erhöhte Vorhandensein dieser Bakterien bei diesem Krankheitsbild erklären
würde.

Bifidobakterien stellen typische Probiotika dar und fördern die intestinale
Homöostase. Neben immunmodulierenden Effekten, die u. a. durch eine TH1/
TH2-assoziierte Zytokin-Regulation vermittelt werden, besitzen diese Bakterien
die Fähigkeit, Bacteriocine freizusetzen, pathogene Mikroorganismen am Wachstum zu hindern sowie durch die Freisetzung von organischen Säuren (v. a. SCFAs)
den pH-Wert zu senken (Sarkar und Mandal, 2016). Das vermehrte Vorkommen
bei MS, welches in Anbetracht der genannten Funktionen konträr erscheint, sollte
auch hier weiter untersucht werden.

Dagegen könnten *Faecalibacterium prausnitzii* sowie *Roseburia* wichtige Marker für die intestinale Homöostase darstellen und deren geringeres Vorhandensein
möglicherweise auf die Existenz pathogener MS-Prozesse hindeuten. So besitzt
erstere Spezies die Fähigkeit, neben der Produktion von SCFAs die Synthese von
IL-8 sowie die Aktivierung von NF-κB zu hemmen, womit Entzündungsprozes-
sen entgegengewirkt wird (Lenoir et al., 2020). Bei *Roseburia intestinalis* konnte
gezeigt werden, dass diese u. a. die Differenzierung von regulatorischen T-Zellen
fördert sowie diejenige von TH17-Zellen hemmt (Nie et al., 2021). Zur Bestätigung eines geringeren Vorkommens bei MS-Patienten sollten weitere Studien
durchgeführt werden.

Trotz mancher vielversprechender Ansätze ist es auf Basis der bisherigen Studienlage nicht möglich, eine typische MS-Mikrobiota zu definieren. Während
man v. a. durch die genannten taxonomischen Unterschiede durchaus von einer
Art Dysbiose bei MS-Patienten ausgehen kann, machen es die oftmals inkon-
sistenten Studienergebnisse schwer, konkrete und allgemeingültige Aussagen zu
tätigen. Die Diskrepanzen zwischen den eingeschlossenen Studien könnten u. a.
eine Konsequenz von vorhandenen Störfaktoren sein, welche möglicherweise
die mikrobielle Zusammensetzung des Darms und folglich die Studienergebnisse
wesentlich beeinflussen.

Allgemeine Störfaktoren, welche die Generalisierbarkeit von Mikrobiom-
Studien erschweren, sind u. a. Alter, Geschlecht, BMI, Komorbiditäten, Genetik
und geographische Herkunft der Studienteilnehmer (Qian et al., 2020). Darüber

hinaus ist auch die MS-Erkrankung selbst zu nennen, die eine hohe Heterogenität aufweist. Dies betrifft sowohl Anzahl und Art der vorhandenen Läsionen als auch die resultierenden Symptome, welche deutlich zwischen MS-Patienten variieren können (Miedema et al., 2020). Diese individuellen Unterschiede in der Krankheitsausprägung könnten einen nicht unwesentlichen Einfluss auf die Zusammensetzung der intestinalen Mikrobiota ausüben und generalisierbare Aussagen über die krankheitsspezifische Struktur der Darmmikrobiota erschweren. Einen weiteren Einflussfaktor stellen die unterschiedlichen Verlaufsformen dar, was einige der inkludierten Publikationen durch differente Ergebnisse bei diversen Taxa und Diversitätsindices zeigten. Entsprechend sollte es für zukünftige Studien obligat sein, ihre Teilnehmer nach Verlaufsformen zu unterteilen und auszuwerten, um eventuell vorhandene Unterschiede zu erkennen.

Bei RRMS könnte es zudem eine wichtige Rolle spielen, ob sich der Patient in der Remissions- oder Schubphase befindet. Die Studie von Chen et al. (2016) deutet darauf hin, dass die mikrobielle Zusammensetzung in der Remissionsphase derjenigen von gesunden Kontrollen stärker ähnelt als der von Patienten in der Schubphase. Bei letzterer könnte somit eine ausgeprägte Dysbiose vorherrschen. Möglicherweise übt auch der Erkrankungsfortschritt, der beispielsweise in Form des EDSS ausgedrückt wird, einen bedeutenden Einfluss auf die Zusammensetzung der Mikrobiota aus. In der Studie von Galluzzo et al. (2021) war die Anzahl an Bakterienfamilien, welche MS-Patienten mit gesunden Kontrollen teilten, bei Studienteilnehmern mit ausgeprägteren Funktionseinschränkungen (EDSS 5–7) signifikant niedriger, was auf eine zunehmende Dysbiose im Krankheitsverlauf hindeutet.

Einen weiteren wichtigen Störfaktor könnte die medikamentöse Therapie von MS-Patienten in Form von Immuntherapeutika darstellen. Querschnittsstudien zeigten sowohl bei GA und DMF (Katz Sand et al., 2019) als auch IFN-β (Castillo-Alvarez et al., 2021), dass eine Behandlung mit diesen immunmodulierenden Medikamenten die mikrobielle Zusammensetzung des Darms verändern kann. Obwohl einige der eingeschlossenen Studien keinen signifikanten Effekt einer DMT-Therapie feststellten (z. B. Takewaki et al., 2020; Sterlin et al., 2021), konnten sowohl Castillo-Alvarez et al. (2021) als auch Jangi et al. (2016) signifikante Unterschiede zwischen behandelten und unbehandelten Patienten auf taxonomischer Ebene beobachten. Die Autoren von letztgenannter Studie schlussfolgerten, dass Immuntherapeutika möglicherweise die MS-assoziierten Veränderungen in der Darmmikrobiota wieder normalisieren (Jangi et al., 2016). Um die Relevanz dieses Effekts nachvollziehen zu können, sollten Längsschnittstudien durchgeführt werden, welche die mikrobielle Zusammensetzung von MS-Patienten vor und nach dem Behandlungsstart untersuchen. Hierbei ist auf

eine ausreichend große Studiengruppe zu achten (Pröbstel und Baranzini, 2018).
Auf alle Fälle sollte die Erhebung von MS-bezogenen Therapien auch bei
zukünftigen Mikrobiomstudien obligat sein. Ebenso ist die Einbeziehung von
unbehandelten Patienten wichtig, um therapieunabhängige Veränderungen der
intestinalen Mikrobiota beobachten zu können.

Ein wichtiger Störfaktor ist zudem die Ernährung, welche einen signifikanten Einfluss auf die mikrobielle Zusammensetzung des Darms besitzt (Leeming
et al., 2019). Viele der eingeschlossenen Publikationen erfassten die Nahrungsaufnahme ihrer Studienteilnehmer allerdings nicht bzw. nur unzureichend. Shah et al.
(2021) sowie Storm-Larsen et al. (2019) taten dies hingegen und untersuchten darüber hinaus den Effekt der jeweiligen Ernährung auf die Zusammensetzung der
Mikrobiota. Erstere Studie stellte hierbei signifikante Zusammenhänge zwischen
bestimmten Lebensmittelgruppen und Pilzgattungen fest. Letztgenannte Publikation berichtete von einer positiven Korrelation zwischen der Ballaststoffzufuhr
und dem Vorkommen von Firmicutes sowie *Faecalibacterium*. Jangi et al. (2016)
und Ventura et al. (2019) erfassten die Nahrungsaufnahme mittels eines Fra-
gebogens und stellten keine signifikanten Unterschiede zwischen MS-Patienten
und der Kontrollgruppe fest, welche für die beobachteten Veränderungen in der
mikrobiellen Zusammensetzung verantwortlich sein könnten.

Nichtsdestotrotz sollte in zukünftigen Studien die Erfassung der Nahrungsaufnahme obligat sein. Durch nachfolgende Adjustierung oder Kontrolle mittels
einer vorab definierten Ernährung könnte der Effekt dieses Confounders reduziert
werden. Eine weitere Möglichkeit, welche beispielsweise Galluzzo et al. (2021)
angewendet haben, stellt das gepaarte Haushaltsdesign dar. Hierbei wird jedem
MS-Patienten eine gesunde Kontrolle aus demselben Haushalt zugeordnet, sodass
die Variabilität in der Ernährung reduziert wird (Galluzzo et al., 2021).

Die Heterogenität der Studienergebnisse und die damit verbundene erschwerte
Interpretation könnten auch im analytischen Prozess selbst begründet sein. Hierbei stellt bereits die Präanalytik einen wichtigen Schritt dar, bei der methodische
Unterschiede einen beträchtlichen Einfluss auf die nachfolgenden Ergebnisse
haben können. So wiesen laut einer aktuellen Kohortenstudie v. a. die unterschiedlichen DNA-Extraktionsmethoden den größten Effekt auf (Bartolomaeus
et al., 2021). Die Wahl der Sequenzierungsmethode ist ein weiterer wichtiger
Einflussfaktor. Der Großteil der inkludierten Studien führte eine 16 S rRNA-
Sequenzierung ihrer Proben durch, welche zwar kosteneffizient ist, aber auch
einige Limitationen aufweist. So wurden von den Forschergruppen unterschiedliche Primer für jeweils verschiedene variable Regionen des 16 S rRNA-Gens
verwendet, wodurch die Entstehung von Bias gefördert wird (Freedman et al.,
2018). Diese Probleme könnten durch die Entwicklung von standardisierten

Extraktions- und Sequenzierungsmethoden verringert werden. Darüber hinaus besitzt die Amplikon-Sequenzierung den Nachteil einer eher geringen Auflösung auf Spezies- oder Stammebene (Zhou et al., 2021).

Die Schrotschuss-Sequenzierung besitzt durch die Einbeziehung des gesamten Genoms dahingegen schon von Grund auf eine deutlich höhere Auflösung und bietet die Möglichkeit zur Identifikation von Pilzen und Viren. Ebenso können funktionelle Analysen von Mikroorganismen durchgeführt werden. Entsprechend bietet sich diese Methode für eine detaillierte Mikrobiom-Charakterisierung an und sollte gerade in Hinblick auf die beobachteten Unterschiede auf niedrigeren Rangstufen (siehe Abschn. 4.1.2) einen höheren Stellenwert in der zukünftigen Forschung einnehmen. Nichtsdestotrotz stellt die 16 S rRNA-Sequenzierung eine weiterhin wichtige kostengünstige Methode dar, die v. a. zur Verschaffung eines mikrobiellen Überblicks und zur Anwendung bei großangelegten Studien geeignet ist (Qian et al., 2020).

Weitere Limitationen der eingeschlossenen Publikationen lassen sich im Studiendesign finden. Sämtliche der inkludierten Studien stellen Querschnittsanalysen dar, sodass Unterschiede in der mikrobiellen Zusammensetzung beispielsweise vor dem klinischen Auftreten der Erkrankung oder im späteren Krankheitsverlauf nicht betrachtet wurden. Entsprechend lassen sich durch dieses Studiendesign keine Informationen über Veränderungen der Mikrobiota im Zeitverlauf generieren. Darüber hinaus können bei Beobachtungsstudien nur Aussagen über eine vorhandene Korrelation, nicht aber über eine sichere Kausalität getroffen werden. Durch die unklare zeitliche Abfolge der mikrobiellen Veränderungen kann die Möglichkeit einer reversen Kausalität nicht ausgeschlossen werden. Demgemäß könnten die beobachteten mikrobiellen Veränderungen bei MS-Patienten möglicherweise eine Konsequenz und keine Ursache der Erkrankung sein (Pröbstel und Baranzini, 2018). Neben zukünftigen Längsschnittstudien, die einen Einblick in zeitliche Abläufe geben, sind auch weiterreichende mechanistische Studien essenziell, um künftig kausale Zusammenhänge zu etablieren.

Weitere studienrelevante Probleme lassen sich in der oft vorhandenen geringen Stichprobengröße sowie Heterogenität der Kontrollen finden. Eine derzeit laufende internationale Studie (iMSMS) versucht, diesen Limitationen durch eine sehr hohe Teilnehmerzahl sowie die Verwendung von Haushaltskontrollen entgegenzuwirken (Hohlfeld, 2021). Einen weiteren limitierenden Faktor könnte darüber hinaus die Nutzung von Stuhlproben darstellen, welche von fast allen eingeschlossenen Publikationen verwendet wurden. Eine Ausnahme ist die Studie von Cosorich et al. (2017), die duodenale Gewebeproben analysierten. Fäkale Proben besitzen den Vorteil einer nichtinvasiven und wiederholbaren Probennahme, sind aber in ihrer Aussagekraft bezüglich der Zusammensetzung der Mukosa-assoziierten Mikrobiota limitiert. Durch intestinale Biopsien bzw. Zytologiebürsten besteht hingegen die Möglichkeit, gezielt Proben aus unterschiedlichen Bereichen des Darms zu entnehmen. Da diese Methoden sehr invasiv und nicht für gesunde Personen geeignet sind, sollten künftig minimalinvasive, aber akkurate Methoden zur Probennahme entwickelt werden (Tang et al., 2020).

Obwohl das Bakteriom den überwältigenden Großteil des Mikrobioms ausmacht, sollten auch Veränderungen auf mykotischer sowie viraler Ebene betrachtet werden. Im Zuge der Literaturrecherche konnte nur eine Studie identifiziert werden, die sich mit der Zusammensetzung des Mykobioms bei MS-Patienten beschäftigte. Pilze besitzen aber durchaus das Potential, einen wesentlichen Einfluss auf den Wirt als auch das Bakteriom auszuüben. So produziert das Mykobiom u. a. antimikrobielle Peptide, die Einfluss auf die bakterielle Kolonisation nehmen können. Im Gegenzug sind Bakterien durch ihre synthetisierten Fettsäuren in der Lage, die Keimung und das hyphale Wachstum von Darmpilzen zu regulieren (Shah et al., 2021). Diese gegenseitige Beeinflussung könnte gerade im Zusammenhang mit pathogenen Prozessen eine wichtige Rolle spielen und einen wesentlichen Einfluss auf die mikrobielle Zusammensetzung des Darms besitzen.

Ebenso stellen Bakteriophagen interessante Bestandteile der intestinalen Mikrobiota dar. Unter anderem durch Lyse und horizontalen Gentransfer sind diese Viren in der Lage, die Zusammensetzung und Diversität von bakteriellen Gemeinschaften zu beeinflussen (Sutton und Hill, 2019). Eine mögliche pathogenetische Rolle von Bakteriophagen konnte beispielsweise bei CED-Patienten beobachtet werden, bei denen das vermehrte Vorkommen dieser Viren mit einer Abnahme der bakteriellen Diversität assoziiert wurde (Norman et al., 2015). Auch bei weiteren Krankheitsbildern wie z. B. Diabetes mellitus Typ 2, Parkinson oder Periodontitis wurde eine Dysbiose der intestinalen Phagen festgestellt (Qv et al., 2021). In Anbetracht dieser pathogenetischen Veränderungen und der Fähigkeit zur Beeinflussung der bakteriellen Zusammensetzung sollte das intestinale Virom ein wichtiger Bestandteil der zukünftigen MS-Forschung sein. Hier stellt gerade die Schrotschuss-Sequenzierung eine potente Methode dar, um neben dem Bakteriom auch Viren und Pilze identifizieren zu können.

5.2 Mechanistische Zusammenhänge zwischen Mikrobiom und MS

Im Zuge der Literaturrecherche konnten einige mechanistische Zusammenhänge ausgemacht werden, die das intestinale Mikrobiom mit neuroinflammatorischen Vorgängen im ZNS verbindet. Ein großer Teil der bisherigen Forschung konzentrierte sich hierbei auf den immunmodulierenden Effekt der Mikrobiota und deren Metaboliten, wohingegen die Studienlage über die nervalen und neuroendokrinen Bestandteile der „gut-brain axis" sehr beschränkt ist. Besonders auffallend sind die fast ausschließlich protektiven Wirkungen der betrachteten mikrobiellen Metaboliten, was deren Wichtigkeit in der Aufrechterhaltung physiologischer Vorgänge verdeutlicht (siehe Abschn. 4.2.2). Abseits dieser Verbindungen scheinen die immunmodulierenden Eigenschaften der Mikrobiota stark taxaabhängig zu sein, was die unterschiedlichen Effekte bestimmter Bakterientaxa auf pro- oder anti-inflammatorische Vorgänge zeigten (siehe Abschn. 4.2.1).

Bei letztgenannter Immunmodulation liegt bezüglich der Beeinflussung von T-Lymphozyten bis dato die größte Evidenz vor, was auf die Wichtigkeit dieser Immunzellen im (patho)physiologischen Zusammenhang zwischen Darmflora und MS hindeutet. Hierbei waren einzelne Bakterienspezies in der Lage, über ihre Strukturelemente bzw. Metaboliten die Differenzierung von TH17- oder regulatorischen T-Zellen zu beeinflussen (siehe Abschn. 4.2.1.1). Der Effekt auf die genannten Immunzelltypen konnte auch bei anderen inflammatorischen Erkrankungen wie z. B. CED beobachtet werden (Britton et al., 2019). Die immunmodulierende und schützende Rolle von *B. fragilis* bzw. PSA wurde bei vielen weiteren Krankheitsbildern wie z. B. Kolitis, KRK oder Lungenentzündung gezeigt (Eribo et al., 2022). Trotz der teilweise vielversprechenden Zusammenhänge müssen hier, wie auch bei vielen weiteren der aufgeführten Mechanismen, einige grundlegende Fragen sowie etwaige limitierende Faktoren geklärt werden, um die Relevanz im Krankheitsgeschehen beurteilen zu können.

So stellt sich beispielsweise die Frage, in welchem Ausmaß das Darmmikrobiom in der Lage ist, MS-spezifische Immunantworten auszulösen. Werden demyelinisierende Prozesse im ZNS durch die Fähigkeit des Mikrobioms gefördert, die systemische Entzündungslage mit entsprechenden neuroinflammatorischen Auswirkungen zu beeinflussen? Oder ist die Mikrobiota direkt in der Lage, Myelin-spezifische Immunzellen zu regulieren? Ersteres wird durch das Potential von Immunzellen zur Passage der BHS ermöglicht. Durch den generellen Einfluss auf die neuroinflammatorische Lage wird in Folge auch die Aktivität Autoantigen-spezifischer Lymphozyten und residenter ZNS-Zellen gefördert bzw. gehemmt.

Ein direkter Effekt auf Myelin-spezifische T-Lymphozyten ist durch die Fähigkeit von *L. reuteri* zur molekularen Mimikry weiter in den Vordergrund gerückt (siehe Abschn. 4.2.1.1). Das Vorhandensein ZNS-ähnlicher Strukturen auf Mikroorganismen konnte schon im Kontext anderer Erkrankungen beobachtet werden.

So wurde z. B. bei *Clostridium perfringens* eine Sequenz entdeckt, die dem ZNS-Protein Aquaporin-4 ähnlich ist. Letztere Verbindung stellt ein wichtiges Autoimmunziel bei Neuromyelitis optica dar (Cree et al., 2016). In Bezug auf MS könnte die unspezifische Immunreaktion auf Mimikry-Peptide zu einer Aktivierung von Myelin-spezifischen T-Gedächtniszellen in Mesenteriallymphknoten führen, welche eine Migration von Autoantigen-spezifischen T-Lymphozyten in die LP des Darms zur Folge hat. Hier fördert möglicherweise das Mikrobiom, wie im Falle des o.g. Erysipelotrichaceae-Stamms, durch adjuvante Effekte (z. B. Zytokine, SAA) die Proliferation und Differenzierung zu TH17-Zellen, welche in Folge ins ZNS migrieren und dort ihre spezifischen Autoimmunreaktionen gegenüber Myelin zeigen (Francis und Constantinescu, 2018).

Darüber hinaus wäre es möglich, dass Mimikry-Peptide eine direkte Ursache der MS darstellen, ohne dass zuvor bedeutende ZNS-assoziierte Immunreaktionen stattgefunden haben müssen. Für die Bestätigung dieser Hypothese gibt es aber bisher noch keine Evidenz. Entsprechend wären Studien zu dieser Thematik sinnvoll, welche u. a. die Identifikation weiterer mikrobieller Myelin-ähnlicher Strukturen zum Ziel haben. Eine alleinige krankheits-auslösende Wirkung dieser Moleküle ist aber sehr unwahrscheinlich, wohingegen ein unter-stützender Effekt neben ökonomischen und genetischen Faktoren durchaus möglich wäre.

Im Zuge der Literaturrecherche wurde deutlich, dass mechanistische Zusammenhänge sowohl protektiven als auch pathogenen Charakter zeigen können und somit differenziert und kontextabhängig betrachtet werden müssen. So wurde den B-Lymphozyten v. a. durch den Erfolg von B-Zell-depletierenden anti-CD20-Therapien (z. B. Rituximab) eine vorrangig pathogene Rolle bei MS zugeschrieben, indem man vermutete, dass durch diese Behandlung der Gehalt an MS-relevanten Autoantikörpern reduziert wird (Gharibi et al., 2020). Da Antikörper-produzierende Plasmazellen, im Gegensatz zu anderen B-Zellen, aber kein CD20 exprimieren und im Blut sowie der LP nachweislich nicht durch oben genannte Therapie eliminiert werden konnten, stellte sich die Frage nach weiteren Antikörper-unabhängigen Funktionen dieser Immunzellen (Mei et al., 2010). Eine Behandlung mit Atacicept, welches die beiden PC-relevanten Überlebensfaktoren BAFF und APRIL neutralisiert, führte bei RRMS-Patienten zu einer Steigerung des Krankheitsgeschehens, was ebenfalls gegen eine strikte pathogenetische Rolle von Plasmazellen spricht (Rojas et al., 2019).

Der Nachweis von intestinalen IgA$^+$-Plasmazellen, welche im ZNS durch IL-10-Ausschüttung antiinflammatorische Prozesse vermitteln (Rojas et al., 2019), spricht für eine teilweise protektive Wirkung von Mikrobiota-assoziierten B-Zellen. Obwohl bisher der direkte Nachweis von krankheitsfördernden Effekten in Bezug auf das Mikrobiom fehlt, ist davon auszugehen, dass B-Lymphozyten auch eine pathogenetische Rolle bei MS einnehmen. Die genannten Immunzellen könnten beispielsweise im Zuge der vermehrten TH17-Differenzierung (z. B. durch o.g. SFB) stimuliert werden.

In der Tat sind TH17-Zellen in der Lage, sowohl die Proliferation von B-Lymphozyten als auch deren Antikörperproduktion anzuregen (Mitsdoerffer et al., 2010). Studien, welche den Effekt einzelner Bakterienspezies oder Metaboliten auf proinflammatorische oder immunsuppressive B-Zell-Eigenschaften untersuchen, wären in Zukunft wünschenswert.

Kontextabhängige Funktionen konnten auch bei TGF-β beobachtet werden, welcher von Darmepithelzellen oder Zellen des angeborenen Immunsystems exprimiert wird. Hierbei bestimmen Faktoren wie z. B. Integrine, Zytokine oder die Konzentration von TGF-β selbst, welcher T-Zell-Subtyp verstärkt induziert wird. Eine niedrige TGF-β-Konzentration fördert durch Downregulierung des IL-23-Rezeptors die Differenzierung von T_{Regs}. Dahingegen wird durch einen höheren Gehalt im Zusammenspiel mit IL-6 und IL-21 die Expression des genannten Rezeptors gesteigert, was die Differenzierung zu TH17-Zellen stimuliert (Stolfi et al., 2020). Gerade wegen der ambivalenten Rolle von TGF-β wäre es auch hier sinnvoll, die Auswirkung spezieller Bakterienspezies bzw. Metaboliten auf MS-relevante Parameter sowie das Zusammenspiel mit weiteren immunrelevanten Faktoren zu beobachten, um die tatsächliche Relevanz dieses Signalwegs abschätzen zu können.

Bei Betrachtung der mikrobiellen Metaboliten liegt bei den SCFAs mit Abstand die größte Evidenz vor, was auf eine essenzielle Rolle dieser Moleküle bei MS hindeutet. Diese Verbindungen sind neben ihren immunregulierenden Eigenschaften darüber hinaus in der Lage, die BHS und intestinale Barriere zu stärken, die Synthese von Neurotransmittern im Gehirn zu stimulieren sowie mit residenten Zellen im ZNS zu interagieren. Bei Letzterem zeichnet sich eine wichtige Rolle der SCFAs bei der Aufrechterhaltung der Mikroglia-Homöostase sowie der Reifung von Progenitorzellen zu Oligodendrozyten ab, durch welche eine nachfolgende Remyelinisierung gefördert wird (siehe Abschn. 4.2.2.1). Die Bedeutung des letztgenannten Mechanismus wird durch eine Studie hervorgehoben, die zeigte, dass reife Oligodendrozyten nicht im großen Umfang zur axonalen Remyelinisierung beitragen und vielmehr die Differenzierung von Progenitorzellen ausschlaggebend ist (Crawford et al., 2016).

Hierbei ist aber zu beachten, dass einige der mechanistischen SCFA-Studien nicht nur mit humanen Zellkulturen, sondern auch im Maus- bzw. Rattenmodell durchgeführt wurden. Neben den allgemeinen limitierenden Faktoren bezüglich der Übertragung von Maus auf Menschen (siehe Kapitel 5.3) gibt es im Falle der kurzkettigen Fettsäuren Hinweise auf eine unterschiedliche Expression und Affinität von SCFA-Rezeptoren (Larraufie et al., 2018). Die FFAR2/3-vermittelte Hemmung intrazellulärer Signalwege sowie Downregulierung von Zytokinen, welche bei Acetat-stimulierten humanen Monozyten beobachtet wurden, konnten im selben Zelltyp von Mäusen nicht festgestellt werden, wobei teilweise sogar gegenteilige Wirkungen entdeckt wurden. Zudem persistierten diese Effekte auch bei FFAR2/3-Knockout-Mäusen, was auf divergente Mechanismen bei beiden Organismen hindeutet (Ang et al., 2016).

Tryptophan-Derivate besitzen laut aktueller Studienlage einen antiinflammatorischen Effekt auf periphere T-Lymphozyten und residente ZNS-Zellen (siehe Abschn. 4.2.2.3). Es konnten bis dato zahlreiche Mikrobiota-assoziierte Bakterientaxa identifiziert werden, die in der Lage sind, Tryptophan zu den verschiedenen AhR-Liganden zu katabolisieren. So besitzen *Desulfovibrio, Bacillus, Clostridium* oder *Ruminococcus* die Fähigkeit, durch die Aktivität der Tryptophan-Decarboxylase Tryptamin zu synthetisieren (Kaur et al., 2019). *Fusobacterium nucleatum* oder mehrere Spezies der Gattung *Prevotella* unterstützen durch Expression des Enzyms Tryptophanase die Umwandlung zu Indol (Sasaki-Imamura et al., 2011). Des Weiteren sind zahlreiche Taxa wie z. B. *Clostridium, Bacteroides, Staphylococcus* oder *Escherichia* in der Lage, IAA zu produzieren. Ebenfalls wurde u. a. bei *Pseudomonas, Streptomyces* oder *Clostridium hathewayi* eine Beteiligung im Kynureninstoffwechsel nachgewiesen (Kaur et al., 2019).

Die weitverbreitete Fähigkeit der Mikrobiota zur Synthese von AhR-Liganden könnte auf einen hohen Stellenwert letzterer Verbindungen in der Kommunikation zwischen Darm und ZNS hindeuten. In Bezug auf diese Schlussfolgerung sollte aber beachtet werden, dass auch der Wirt selbst in der Lage ist, AhR-bindende Moleküle wie z. B. Tryptamin oder AhR-Liganden des Kynureninwegs zu synthetisieren (Lu et al., 2022). Zukünftige Studien sollten deshalb auch das Verhältnis zwischen mikrobieller und wirtsseitiger Produktion stärker berücksichtigen.

Die intestinale Barriere und die BHS erwiesen sich im Rahmen der Literaturrecherche als wichtige Bestandteile des pathogenetischen Geschehens. Dies zeigte sich an den vielfältigen mechanistischen Zusammenhängen zwischen Mikrobiom und intestinalen Epithelzellen bzw. Endothelzellen (siehe Abschn. 4.2.3). Die beobachtete Erhöhung der intestinalen Permeabilität ist aber bei weitem nicht MS-spezifisch. Bei zahlreichen anderen neurologischen Erkrankungen wie z. B. Parkinson, Schlaganfall oder Autismus-Spektrum-Störungen (Camara-Lemarroy et al., 2020) sowie bei gastrointestinalen Krankheiten wie z. B. Reizdarmsyndrom oder CED konnte eine Störung der Darmbarriere festgestellt werden (You et al., 2021).

Morbus Crohn und Colitis ulcerosa sind eng mit MS verbunden. Dies zeigte u. a. eine Meta-Analyse, die von einem erhöhten relativen Risiko (RR = 1,54) einer CED/MS-Komorbidität berichtete (Kosmidou et al., 2017). Ebenso stellte eine aktuelle Studie bei Patienten mit Morbus Crohn signifikant veränderte mikrostrukturelle Eigenschaften der weißen Substanz fest (Hou et al., 2020). Somit könnte, abseits von gemeinsamen epidemiologischen und immunologischen Charakteristika, der Zusammenbruch der intestinalen Barriere ein wichtiges Bindeglied zwischen CED und MS darstellen (Camara-Lemarroy et al., 2018). Zukünftige Studien sollten die Verbindung zwischen diesen beiden Erkrankungen weiter untersuchen und eruieren, welche spezifische Rolle das Mikrobiom bei der Entstehung dieser Komorbidität spielt.

In Bezug auf die intestinale Barriere wurde bei Zonulin eine permeabilitätssteigernde Wirkung festgestellt. Dieser Effekt wurde auch bei der BHS beobachtet, sodass dieses Protein ein pathophysiologisches Bindeglied zwischen Darm und ZNS darstellen könnte. Hierbei muss aber erwähnt werden, dass die Beeinflussung der BHS-Permeabilität bisher nur in-vitro gezeigt wurde (Buscarinu et al., 2019). Neben entsprechenden in-vivo-Studien ist in Zukunft auch der Einfluss des Mikrobioms zu spezifizieren, wobei auf Zonulin-induzierende Effekte bestimmter Bakterienspezies oder Metabolite abgezielt werden sollte.

Der neuronale und neuroendokrine Bestandteil der „gut-brain axis" stellt in Bezug auf MS ein wenig erforschtes, aber durchaus interessantes Gebiet dar. Das Mikrobiom ist in der Lage, durch Regulation der Neurotransmittersynthese einen Einfluss auf das ZNS sowie Immunzellen zu nehmen, wodurch das Krankheitsgeschehen beeinflusst werden kann (siehe Abschn. 4.2.4). Durch Neuropods besitzen intestinale Epithelzellen darüber hinaus das Potential, nährstoffbasierte Informationen innerhalb von Millisekunden in das ZNS weiterzuleiten (Kaelberer et al., 2020). Umfassende Studien zu einer direkten Aktivierung von Neuropod-Zellen durch das Mikrobiom sind kaum vorhanden, wohingegen etwaige Auswirkungen auf immunologische oder krankheitsassoziierte MS-Endpunkte bisher gänzlich fehlen. Es konnte aber bei Synapsen-bildenden enterochromaffinen Zellen gezeigt werden, dass ein G-Protein-gekoppelter Rezeptor (Olfr558) in der Lage ist, den mikrobielle Metaboliten Isovaleriansäure zu binden. Durch apikale Serotoninausschüttung kommunizierten diese Zellen nachfolgend mit afferenten Nervenfasern (Bellono et al., 2017). Andere Klassen von enteroendokrinen Zellen exprimieren FFAR2 und konnten zudem durch Indol oder Gallensäuren aktiviert werden (Kaelberer et al., 2020).

Demnach wäre es durchaus denkbar, dass Neuropod-Zellen mikrobielle
Metaboliten erkennen und entsprechende Informationen synaptisch weiterleiten.
Zukünftige Studien sollten sich diesem Thema v. a. in Bezug auf MS- bzw. EAE-
relevante Veränderungen widmen, um die pathophysiologische Relevanz sowie
das therapeutische Potential dieses neuronalen Signalwegs zu erfassen. Ebenso
fehlt es bei der neuroendokrinen HPA-Achse an Studien, welche die bisher vorhandene Evidenz kombinieren und die Auswirkung mikrobieller Veränderungen
auf MS-relevante Parameter untersuchen.

Insgesamt betrachtet deutet die aktuelle Studienlage also auf ein vielfältiges
Zusammenspiel verschiedener Mechanismen hin, durch die das Mikrobiom protektive als auch pathogene Effekte auf das Krankheitsgeschehen ausüben kann
(siehe Abschn. 4.2). In Bezug auf die Pathophysiologie scheint es, dass die
Mikrobiota gemeinsam mit genetischen und ökologischen Faktoren in der Lage
ist, die Homöostase des Immunsystems zu stören und in eine Art Teufelskreis
hineinzumanövrieren. Dies zeigt sich beispielsweise bei der intestinalen Barriere,
die bei MS-Patienten geschwächt ist und eine erhöhte mikrobielle Translokation
zur Folge hat (Camara-Lemarroy et al., 2018).

Migrierte LPS können eine systemische Endotoxinämie auslösen, besitzen
neuroinflammatorische Effekte und erhöhen darüber hinaus die Durchlässigkeit
der BHS für weitere mikrobielle Bestandteile, Metaboliten oder proinflammatorische Immunzellen (siehe Abschn. 4.2.3). Die u. a. durch LPS ausgelöste
immunologische Dysregulation im Darm fördert über proinflammatorische Zytokine eine weitere Steigerung der Darmpermeabilität (Camara-Lemarroy et al.,
2018), sodass eine kontinuierliche Translokation inflammatorischer Stimuli unterstützt wird, die in Folge autoimmunologische Prozesse forcieren können (Rizzetto
et al., 2018). Des Weiteren wird durch eine intestinale Inflammation und Hyper-
permeabilität die mikrobielle Dysbiose verstärkt (Ilchmann-Diounou und Menard,
2020). Entsprechend ist es wichtig, einzelne pathophysiologische Mechanismen
nicht nur isoliert, sondern auch im Gesamtzusammenhang zu betrachten.

5.3   Klinisches Potential Mikrobiom-assoziierter Interventionen

Basierend auf den beschriebenen protektiven Mechanismen stellt sich die Frage,
welche Möglichkeiten das Mikrobiom in einer therapeutischen oder präventiven
Anwendung bei MS-Patienten besitzt. Die vorgestellten Ergebnisse deuten auf
ein vielversprechendes Potential verschiedener Mikrobiota-assoziierter Interventionen hin (siehe Abschn. 4.3). Hierbei ist aber zu beachten, dass die Anzahl

präklinischer Publikationen deutlich überwiegt und Studien im klinischen Setting bis zum jetzigen Zeitpunkt eher selten sind. Gerade letztere sind aber essenziell, um sowohl die Wirkung als auch Sicherheit der entsprechenden Interventionen gewährleisten zu können.

Die fast ausnahmslos verwendeten Mausmodelle bieten einige Vorteile wie beispielsweise geringe Kosten, die Möglichkeit zur genetischen Modifikation oder Durchführung invasiver Untersuchungen. Allerdings müssen auch einige Limitationen beachtet werden, die gerade in Hinblick auf das Mikrobiom nicht vernachlässigt werden sollten. So existieren trotz einiger wichtiger Gemeinsamkeiten anatomische, genetische und physiologische Unterschiede zwischen Mäusen und Menschen, sodass ein Maus-Modell niemals in der Lage ist, den menschlichen Körper vollständig zu repräsentieren. Ebenso ist der „Cross-Talk" zwischen Mikrobiom und Organismus wirtsabhängig, sodass Beobachtungen im Maus-Modell nicht unbedingt auf Menschen übertragbar sind. Außerdem verhindert die genetische Homogenität in den verwendeten Mausstämmen die Erfassung genetischer Variationen, welche zwischen verschiedenen humanen Individuen existieren. Darüber hinaus tragen beim Menschen verschiedene Umweltfaktoren wie z. B. die unmittelbare Umgebung, Ernährung, Krankengeschichte oder soziale Aktivitäten zur Gestaltung einer „Real-Life"-Mikrobiota bei. Entsprechend erschweren bei Labormäusen die sterile Umgebung und unnatürliche Lebensweise die Abbildung eines realistischen humanen Mikrobioms (Nguyen et al., 2015).

Die eingeschlossenen Publikationen unterscheiden sich zudem im jeweiligen Zeitpunkt, an dem die entsprechenden Interventionen gestartet wurden. Während die klinischen Studien fast ausschließlich therapeutische Anwendungen untersuchten, wurden bei den präklinischen Modellen überwiegend präventive Interventionen vor dem klinischen Ausbruch der Erkrankung durchgeführt. Durch Letztere konnte bei einigen Mäusen die Entstehung der Krankheit verzögert oder sogar verhindert werden (siehe Abschn. 4.3). Hierbei ist aber zu beachten, dass die Möglichkeit zur primären Prävention der Erkrankung eventuell eine Konsequenz des vereinfachten Tiermodells ist. Durch die Verwendung standardisierter Modelle mit immunisierten oder transgenen Nagern ist es möglich, den Krankheitsbeginn und -verlauf schon im Vorhinein relativ genau abzuschätzen (Constantinescu et al., 2011), wodurch die jeweiligen Mikrobiom-assoziierten Interventionen zeitlich darauf abgestimmt werden können. Die Entstehung von MS ist beim Menschen allerdings abhängig von vielerlei Faktoren und die Abschätzung, ob und wann die Erkrankung bei einer bestimmten Person entsteht, ist ohne neurologische Symptome bzw. Einschränkungen kaum möglich (siehe Abschn. 2.1.5).

Entsprechend ergibt sich bei MS-Patienten vor allem ein therapeutisches Anwendungsgebiet Mikrobiota-assoziierter Interventionen. Nichtsdestotrotz könnte auch ein Nutzen in der Prävention bestehen, was Metz et al. (2017) bei KIS-Patienten zeigten. Eine Antibiotikagabe führte bei dieser Gruppe zu einer verzögerten Entstehung von MS. Diesen Ansatz sollten zukünftige klinische Studien unbedingt aufgreifen, da das klinisch isolierte Syndrom den ersten diagnostizierbaren Zeitpunkt darstellt, an dem sicher von einer erhöhten Wahrscheinlichkeit einer MS-Entwicklung ausgegangen werden kann (D'Alessandro et al., 2013).

Tierstudien mit Antibiotikagabe zeigten überwiegend positive Wirkungen dieser Intervention auf, was auch die klinischen Studien größtenteils bestätigen konnten (siehe Abschn. 4.3.1). Die in den präklinischen Modellen untersuchten Mechanismen deuten auf eine Veränderung der mikrobiellen Zusammensetzung hin, die durch Immunmodulation EAE-schützende Effekte vermittelt. Diesen Zusammenhang konnten beispielsweise Ochoa-Reparaz et al. (2009) beobachten, welche durch die orale Gabe eines Antibiotika-Cocktails einen signifikanten Unterschied in der mikrobiellen Komposition sowie eine verringerte Krankheitsschwere bei EAE-Mäusen feststellten. Intraperitoneale Applikationen führten dagegen zu keiner Verbesserung des klinischen Scores, was auf eine wichtige Beteiligung des Mikrobioms hindeutet.

Eine langfristige Antibiotikaeinnahme könnte aber auch Risiken bergen. Neben direkten Nebenwirkungen (z. B. allergische Reaktionen) besteht u. a. die Gefahr, das Wachstum von opportunistischen Pathogenen wie z. B. *Clostridium difficile* oder Antibiotika-resistenten Erregern zu fördern. Darüber hinaus wurden von den Autoren durchwegs Breitbandantibiotika angewendet, welche neben pathogenen Keimen auch kommensale Bakterien angreifen und somit wichtige natürliche Schutzmechanismen abschwächen können (Melander et al., 2018). Entsprechend wäre es in der zukünftigen Forschung sinnvoll, Antibiotika zu identifizieren, die vorrangig inflammationsfördernde Spezies angreifen, um negative Effekte einer langfristigen Einnahme zu minimieren.

Bezüglich einer probiotischen Supplementierung zeigten die inkludierten präklinischen Studien größtenteils positive Wirkungen auf MS-relevante Outcomes. Dies wurde sowohl bei einer isolierten als auch kombinierten Gabe von Probiotika festgestellt (siehe Abschn. 4.3.2). Positive Effekte konnten v. a. bei verschiedenen Bakterienspezies der Gattungen *Bifidobacterium* und *Lactobacillus* nachgewiesen werden, was auf eine Konservierung der protektiven Eigenschaften hindeutet. Sanchez et al. (2020) und Lavasani et al. (2010) beobachteten dies bei *L. paracasei* bzw. *L. plantarum* auch auf Stammebene. Allerdings hatte nicht jeder der untersuchten Stämme einen signifikanten Einfluss auf MS-relevante

Krankheitsparameter. Auch weitere Studien stellten bei bestimmten probiotischen Bakterienspezies und -stämmen nicht signifikante Ergebnisse fest, was wiederum auf ein unterschiedliches Potential verschiedener probiotischer Taxa hindeutet. Entsprechend wäre es für die zukünftige Forschung hilfreich, die Auswirkungen verschiedener Bakterien, auch abseits der typischen Probiotika, idealerweise auf Stammebene zu untersuchen, um etwaige Unterschiede in der Wirksamkeit aufzudecken und potente Taxa zur MS-Behandlung identifizieren zu können.

Ebenfalls könnte die Wirkungsweise bestimmter Taxa durch Interaktion mit ansässigen Kommensalen beeinflusst werden. Während beispielsweise Studien mit *L. reuteri* protektive Effekte dieses Probiotikums beobachteten (siehe Abschn. 4.3.2), führte es in Kombination mit einer Erysipelotrichaceae-Spezies zur Induzierung von proinflammatorischen TH17-Zellen (Miyauchi et al., 2020). Darüber hinaus konnte erstere Spezies auch eigenständig in genetisch prädisponierten Mäusen mit krankheitsfördernden Effekten assoziiert werden (Montgomery et al., 2020). Zukünftig wird es daher notwendig sein, umfassende präklinische sowie klinische Studien in unterschiedlichen Modellen bzw. Settings durchzuführen, um potenziell nachteilige Wechselwirkungen bestimmter Taxa mit der residenten Flora frühzeitig erkennen zu können. Ebenfalls sollte der Vergleich zwischen Kombinationspräparaten und der isolierten Gabe von Probiotika ein wichtiger Bestandteil der Forschung bleiben.

Die klinischen Studien zeigten durchwegs positive Effekte einer probiotischen Supplementation auf (siehe Abschn. 4.3.2). Der EDSS-Score änderte sich im untersuchten Zeitraum allerdings nur geringfügig (0,4 bzw. 0,5 Punkte). Basierend auf den kleinsten klinisch bedeutsamen Unterschied, der mit 1,0 Punkten (EDSS $\leq 5,5$) bzw. 0,5 Punkten (EDSS $> 5,5$) angegeben wird (Meyer-Moock et al., 2014), sind auf Grundlage der verfügbaren Studien noch keine Aussagen über eine klinische Relevanz möglich. Des Weiteren stellt sich die Frage nach der Dosierung und Dauer von probiotischen Interventionen, welche einerseits für die erwünschte Wirkung erforderlich sind und andererseits eine ausreichende Sicherheit in der Anwendung bieten.

Hierbei wurde bei gesunden Personen gezeigt, dass antiinflammatorische Effekte einer Probiotika-Gabe nach Absetzung der Intervention nicht fortbestanden (Tankou et al., 2018). Dementsprechend wäre es möglich, dass für einen bleibenden Effekt eine kontinuierliche Supplementierung notwendig ist, was in zukünftigen klinischen Studien weiter untersucht werden sollte. Ein interessanter Ansatz stellen darüber hinaus genetisch modifizierte Probiotika dar, welche beispielsweise die erhöhte Expression von IL-10 umfassen könnten. Hierdurch werden möglicherweise inflammatorische Vorgänge bei MS-Patienten reduziert (Kohl et al., 2020).

Die Studienlage bezüglich einer Supplementation mit kurzkettigen Fettsäuren ist auf präklinischer Seite vielversprechend, wohingegen sie in klinischer Hinsicht bisher sehr dünn ist (siehe Abschn. 4.3.3). Um Schlussfolgerungen für die humane Anwendung in der Praxis zu ziehen, sind hier unbedingt weitere Studien notwendig. In diesem Fall bieten sich besonders Placebo-kontrollierte prospektive Designs an, damit die direkten Auswirkungen dieser Intervention hinreichend sichtbar werden. Hierbei sollte auch die Entwicklung von adäquaten Formulierungen im Fokus sein, da bei einer oralen Intervention der unangenehme Geschmack und Geruch von SCFAs die Adhärenz negativ beeinflussen könnten (Canani et al., 2011).

Obwohl das Hauptaugenmerk bisher auf den kurzkettigen Fettsäuren lag, ist es sinnvoll, die Effekte weiterer Postbiotika zu studieren. Basierend auf den protektiven Mechanismen, die v. a. für Gallensäuren und Tryptophan-Metaboliten beschrieben wurden, bietet sich hier eine weitere Erforschung im Tiermodell sowie klinischen Setting an. Bei ersteren Verbindungen sind in Bezug auf das Mikrobiom v.a Interventionen mit dekonjugierten primären sowie sekundären Gallensäuren geeignet, welche natürlicherweise durch mikrobielle Enzyme im Säugetierorganismus entstehen (Yang et al., 2021). In Anbetracht der immunregulierenden und antiinflammatorischen Effekte, die durch den AhR vermittelt werden (siehe Abschn. 4.2.2.3), sollte bei Tryptophanderivaten der Fokus auf nachgewiesene Liganden dieses Rezeptors liegen. In Bezug auf die Mikrobiota bieten sich hier v. a. Interventionen mit Indolderivaten an, die durch mikrobielle Enzyme aus Tryptophan entstehen (Taleb, 2019).

Bei Betrachtung der diätetischen Interventionen liegt bezüglich einer ballaststoffreichen Ernährung noch keine eindeutige Evidenz vor. Während zwei präklinische Studien, die ihre Versuchstiere mit stark ballaststoffhaltigem Futter ernährten, von überwiegend protektiven Effekten dieser Ernährungsweise berichteten, konnten Park et al. (2019) bei einer Ernährung mit eher realistischerem Ballaststoffgehalt keine signifikanten Auswirkungen auf MS-relevante Endpunkte feststellen. Auch hier mangelt es an klinischen Publikationen, weshalb nur eine einzige eingeschlossen wurde, welche die Folgen einer gemüsereichen Ernährung untersuchte (siehe Abschn. 4.3.4). Trotz positiver Ergebnisse dieser Studie ist nicht davon auszugehen, dass die beobachteten Effekte auf die MS-relevanten Endpunkte allein durch den höheren Ballaststoffanteil vermittelt wurden.

Da Ballaststoffe aber in der Lage sind, die Ansiedlung von kommensalen Bakterien sowie deren Produktion von SCFAs zu fördern (Cronin et al., 2021), würde eine positive Wirkung auf bestimmte MS-Krankheitsparameter plausibel erscheinen. In Zukunft sollten deshalb weitere klinische Studien mit MS-Patienten das Potential dieser Intervention untersuchen, auch im Hinblick dessen, dass eine ballaststoffreiche Ernährung mit der Vorbeugung weiterer Erkrankungen (z. B. Darmkrebs) in Verbindung gebracht wird (Lockyer et al., 2016). Mit den Ergebnissen einer aktuell laufenden Studie ist frühestens im nächsten Jahr zu rechnen (United States National Library of Medicine, 2020). Des Weiteren konnten in mehreren Mausmodellen positive Effekte der sekundären Pflanzenstoffe Genistein und Daidzein festgestellt werden, deren protektive Wirkungen von der Anwesenheit Isoflavon-metabolisierender Bakterien und ihrer Metaboliten abhängig war (Jensen et al., 2021). Sollten sich diese Ergebnisse im klinischen MS-Modell bestätigen, wäre dies ein weiterer Hinweis auf den vorteilhaften Effekt einer ballaststoffreichen pflanzlichen Ernährung.

Potential könnten auch restriktive Interventionen wie z. B. intermittierendes Fasten oder eine Tryptophan-freie Diät aufweisen (siehe Abschn. 4.3.4). Während die klinische Anwendung von Letzterem u. a. durch das verbreitete Vorkommen dieser Aminosäure in Lebensmitteln (Soh und Walter, 2011) und deren physiologische Notwendigkeit (Yusufu et al., 2021) schwierig erscheint, stellt das Einhalten regelmäßiger Fastenperioden eine durchaus realisierbare Intervention dar. Kalorienrestriktion und intermittierendes Fasten besitzen einen nachweislichen Effekt auf die Zusammensetzung der Mikrobiota und sind zudem in der Lage, inflammatorische Prozesse als auch den Schweregrad von EAE im Mausmodell zu verringern. Während mehrere präklinische und klinische Publikationen eine positive Wirkung dieser diätetischen Maßnahmen auf jeweils einzelne der genannten Aspekte zeigen konnten (Cantoni et al., 2022), mangelt es an Studien, welche eine mikrobielle Veränderung simultan mit MS-modifizierenden Effekten untersuchten. Hierbei erfüllte nur die Publikation von Cignarella et al. (2018) die definierten Einschlusskriterien. Die beobachteten positiven Wirkungen auf verschiedene EAE-Endpunkte wurden durch eine fäkale Transplantation von IMF-Mäusen auf herkömmlich ernährte Empfängermäuse übertragen, was auf eine wichtige Vermittlerrolle des Mikrobioms hindeutet (Cignarella et al., 2018). Diese vielversprechenden Ergebnisse sollten Anlass für weiterführende klinische Studien sein.

Die Studienlage bezüglich einer fäkalen Mikrobiota-Transplantation ist bei MS bisher sehr dünn. Neben den wenigen vorhandenen präklinischen Studien stellen die klinischen Untersuchungen bisher ausnahmslos Fallstudien dar, welche einen sehr niedrigen Evidenzgrad aufweisen (siehe Abschn. 4.3.5). Das mögliche Potential einer FMT ist bei wiederkehrender *C. difficile*-Infektion ersichtlich, bei der diese Intervention mittlerweile eine effektive Behandlungsoption ist. Ebenso sind bei Colitis ulcerosa vielversprechende klinische Ergebnisse zur therapeutischen Anwendung bekannt (Tan et al., 2020).

Bevor es zu einer regelmäßigen Anwendung bei MS-Patienten kommen kann, sind neben einer Verbesserung der o.g. Studienlage noch weitere Fragen zu klären. So sollte beispielsweise ermittelt werden, welche spezifischen Spender für eine Transplantation in Frage kommen. Ebenfalls ist es notwendig, die Effektivität und Sicherheit verschiedener Applikationswege (rektal, oral) zu testen. Darüber hinaus stellt sich die Frage nach der notwendigen Frequenz von Transplantationen. Bei einer einmaligen FMT kam es bei manchen Empfängern schon nach einem Jahr zu einer deutlichen Reduktion der Spender-assoziierten Mikrobiota (Staley et al., 2019). Hier wären weitere Studien mit längerem Follow-up sowie mit regelmäßig wiederholenden Interventionen sinnvoll.

Diese Masterarbeit weist Limitationen auf. So führte die Betrachtung von insgesamt drei Fragestellungen dazu, dass bestimmte Aspekte nicht ausführlich behandelt werden konnten. Dies zeigte sich u. a. bei den präklinischen Studien zur Probiotikagabe, bei denen die Einschlusskriterien enger gefasst werden mussten, um den Umfang dieser Arbeit nicht zu übersteigen. Ebenfalls sind bei den beschriebenen Mechanismen bestimmte Themen oberflächlicher behandelt worden. Darüber hinaus kann trotz gründlicher Literaturrecherche nicht ausgeschlossen werden, dass aussagekräftige Studien übersehen wurden. Des Weiteren werden v. a. im therapeutischen Bereich zurzeit einige klinische Studien mit MS-Patienten durchgeführt, sodass die in dieser Arbeit vorgestellten Ergebnisse und Schlussfolgerungen bald nicht mehr aktuell sein könnten.

Fazit

Die aktuelle Studienlage lässt auf einen wichtigen Zusammenhang zwischen intestinalem Mikrobiom und Multipler Sklerose schließen. Allerdings machen es limitierende Faktoren sowie die geringe Anzahl an klinischen Studien schwierig, konkrete und allgemeingültige Schlussfolgerungen zu ziehen. So lässt sich v. a. auf taxonomischer Ebene eine Dysbiose bei MS-Patienten erkennen, dessen konkrete Ausgestaltung aber durch inkonsistente Studienergebnisse und Limitationen der inkludierten Publikationen fraglich bleibt. Entsprechend kann zum jetzigen Zeitpunkt keine MS-typische Kernmikrobiota definiert werden, die in Zukunft möglicherweise als diagnostische Hilfestellung dient.

Mechanistische Studien stellten sowohl pathophysiologische als auch protektive Effekte des Mikrobioms fest. Hierbei scheinen die immunmodulierenden Eigenschaften von mikrobiellen Strukturelementen eine große Bedeutung zu haben, wobei die antiinflammatorische oder entzündungsfördernde Wirkweise stark taxaabhängig ist. Ebenso haben mikrobielle Metaboliten einen hohen Stellenwert, bei denen v. a. SCFAs wichtige protektive Effekte auf das periphere Immunsystem sowie residente ZNS-Zellen ausüben. Des Weiteren besitzen die intestinale Barriere sowie die BHS eine große Relevanz im Krankheitsgeschehen.

Deren gesteigerte Permeabilität führt in Folge zu einer erhöhten Translokation von Mikroorganismen und mikrobiellen Bestandteilen (v. a. LPS) ins Blut und ZNS. Trotz Beschreibung dieser vielfältigen Mechanismen bleibt die Frage offen, ob das Mikrobiom durch Potenzierung des inflammatorischen Zustands nur eine unterstützende Rolle in der MS-Pathogenese einnimmt oder die Erkrankung durch Mimikry-Peptide direkt initiieren kann.

Die Gabe von Antibiotika, Probiotika oder SCFAs stellen laut den inkludierten Studien vielversprechende Möglichkeiten zur Mikrobiom-assoziierten

S. Dittrich, *Das intestinale Mikrobiom bei Multipler Sklerose*, Forschungsreihe der FH Münster, https://doi.org/10.1007/978-3-658-42499-2_6

Beeinflussung des Krankheitsgeschehens dar. Ebenso sind fäkale Mikrobiota-Transplantationen oder diätetische Interventionen wie z. B. eine hohe Ballaststoff-zufuhr oder restriktive Diäten mögliche Ansatzpunkte. Bei allen der genannten Maßnahmen mangelt es aber zum jetzigen Zeitpunkt an klinischen Studien, um die Wirksamkeit und Sicherheit bei MS-Patienten einschätzen zu können. Auf klinischer Ebene scheint v. a. ein therapeutischer Einsatz in Frage zu kommen, wobei auch ein präventiver Nutzen bei KIS-Patienten bestehen könnte.

Insgesamt stellt das intestinale Mikrobiom also ein interessantes Gebiet der zukünftigen MS-Forschung dar. Hierbei wird es wichtig sein, die Anzahl und Qualität der klinischen Studien deutlich zu erhöhen, um aussagekräftige Ergebnisse für die Anwendung in der Praxis zu erhalten. Da ein gesundes Mikro-biom im negativen Zusammenhang mit weiteren pathologischen Zuständen steht (Durack und Lynch, 2018), könnten entsprechende Interventionen auch abseits von MS positive Effekte auf den menschlichen Organismus vermitteln.

Zusammenfassung 7

Das intestinale Mikrobiom ist an zahlreichen physiologischen Vorgängen im Organismus beteiligt. Dessen Dysbiose wird mit vielen lokalen und systemischen Erkrankungen in Verbindung gebracht. Durch die Entdeckung der „gut-brain axis" kam die Frage auf, welche Rolle das Mikrobiom bei Erkrankungen des ZNS wie z. B. Multipler Sklerose spielt und welche Möglichkeiten die Darmflora zur Prävention oder Therapie dieser Krankheiten bietet. Ziel dieser Masterarbeit war es, die bisherige Studienlage zum Zusammenhang zwischen Mikrobiom und Multipler Sklerose anhand von drei Fragestellungen darzulegen. Zuerst sollte geklärt werden, ob bzw. welche Unterschiede in der Zusammensetzung der intestinalen Mikrobiota zwischen MS-Patienten und gesunden Personen vorliegen. Daraufhin wurden (patho-)physiologische Mechanismen erläutert, die den Zusammenhang zwischen Darmmikrobiom und MS erklären könnten. Darauf aufbauend wurden Mikrobiom-assoziierte Möglichkeiten zur Prävention und Therapie der Erkrankung dargestellt. Anschließend sollte u. a. diskutiert werden, ob ein dysbiotisches Kernmikrobiom bei MS-Patienten definiert werden kann, welche Bedeutung die einzelnen Mechanismen für das Krankheitsgeschehen haben und welches klinische Potential die vorgestellten Mikrobiom-assoziierten Interventionen besitzen.

Für die Beantwortung dieser Fragestellungen wurde zwischen September 2021 und März 2022 eine umfassende Literaturrecherche in der Datenbank „Pubmed", mit der Suchmaschine „Google Scholar" sowie „FINDEX" der FH Münster durchgeführt. Für die Analyse der mikrobiellen Zusammensetzung wurden ausschließlich Studien eingeschlossen, welche die Mikrobiota von MS-Patienten mit der von gesunden Kontrollen verglichen. Geeignete mechanistische Studien wurden durch eine Kombination aus Schneeballsystem und konkreter Online-Recherche identifiziert. Bei der letzten Fragestellung wurden nur präklinische und klinische Publikationen eingeschlossen, welche die Auswirkungen von

Mikrobiom-assoziierten Interventionen auf MS-relevante Parameter (z. B. EDSS-, EAE-Score) untersuchten.

Der Großteil der Studien stellte keine signifikanten Unterschiede in der mikrobiellen Alpha-Diversität zwischen MS-Patienten und gesunden Kontrollen fest. Trotz höherer Anzahl an signifikanten (Teil-)Ergebnissen liegt auch bei Betrachtung der Beta-Diversität eine eher uneinheitliche Studienlage vor. Auf taxonomischer Ebene lassen sich Unterschiede bei MS-Patienten beispielsweise an einem verringerten Vorkommen von *Prevotella, Faecalibacterium* oder *Roseburia* erkennen. Demgegenüber waren bestimmte Bakterientaxa wie z. B. *Akkermansia, Bifidobacterium, Streptococcus, Blautia, Dorea* oder sulfatreduzierende Bakterien bei erkrankten Personen vermehrt vorhanden. Nichtsdestotrotz ist die Studienlage auch hier teils uneinheitlich.

Zudem müssen einige Limitationen der eingeschlossenen Studien beachten werden, welche allgemeingültige Aussagen erschweren. Neben generellen Störfaktoren wie z. B. Alter, Geschlecht, Komorbiditäten oder geographische Herkunft stellt auch die Heterogenität der MS-Erkrankung einen bedeutenden Confounder dar. Ebenfalls sind medikamentöse MS-Therapien sowie die Ernährung bedeutende Faktoren, welche die Zusammensetzung der Mikrobiota beeinflussen können. Weitere Limitationen der inkludierten Studien betreffen den analytischen Prozess, das generelle Studiendesign sowie die oft geringe Stichprobengröße. Entsprechend kann zum jetzigen Zeitpunkt zwar von einer gewissen Dysbiose bei MS-Patienten ausgegangen werden, ein allgemeines MS-Kernmikrobiom kann aber auf Basis der aktuellen Studienlage nicht definiert werden.

Mechanistisch besitzt das Mikrobiom eine sowohl pathophysiologische als auch protektive Rolle. Hierbei zeigen mikrobielle Strukturelemente bedeutende immunmodulierende Effekte. So sind diese u. a. über angeborene Immunzellen oder Darmepithelzellen in der Lage, die Differenzierung von T- und B-Lymphozyten zu beeinflussen, welche daraufhin ins ZNS migrieren und neuroinflammatorische oder neuroprotektive Prozesse unterstützen können. Hierbei stellte sich heraus, dass die Wirkungsweise stark taxaabhängig ist. Des Weiteren sind kurzkettige Fettsäuren bedeutende immunregulierende Verbindungen. Diese können nicht nur mit peripheren Immunzellen, sondern auch direkt mit residenten ZNS-Zellen interagieren, wodurch neuroprotektive Effekte vermittelt werden.

Gallensäuren sowie Tryptophan-Derivate sind weitere mikrobielle Metaboliten, die antiinflammatorische Wirkungen in der Peripherie und ZNS zeigen. Eine große Relevanz im Krankheitsgeschehen besitzen zudem die intestinale Barriere und Blut-Hirn-Schranke. Die erhöhte Permeabilität dieser beiden Strukturen fördert maßgeblich die Translokation von pathogenen Mikroorganismen sowie deren entzündungsfördernden Bestandteilen (z. B. LPS) ins Blut und ZNS. Darüber hinaus kann ein dysbiotisches Mikrobiom zu einer verringerten Synthese von Neurotransmittern führen, wodurch die MS-Symptomatik verstärkt wird.

Die eingeschlossenen Studien zeigten, dass die Gabe von Antibiotika, Probiotika oder kurzkettigen Fettsäuren potente Interventionen zur Beeinflussung des Krankheitsgeschehens darstellen könnten. Ebenso deuten die Ergebnisse auf das Potential möglicher diätetischer Maßnahmen (z. B. ballaststoffreiche oder restriktive Diäten) sowie fäkaler Mikrobiota-Transplantationen hin. Allerdings mangelt es bei allen der genannten Interventionen an klinischen Studien, um Wirksamkeit und Sicherheit bei MS-Patienten ausreichend bewerten zu können. Bevor es zu einem routinemäßigen Einsatz kommen kann, wird es entsprechend notwendig sein, eine deutlich höhere Anzahl an qualitativ hochwertigen klinischen Studien durchzuführen.

Im Zuge dessen sollten wichtige Fragen wie z. B. die Sicherheit einer langfristigen Antibiotikaeinnahme, schädliche Effekte bestimmter probiotischer Bakterienstämme, mögliche Wechselwirkungen von Probiotika mit der residenten Darmflora oder notwendige Frequenz fäkaler Mikrobiota-Transplantationen geklärt werden. In der klinischen Praxis würden sich Mikrobiom-assoziierte Interventionen v. a. für die therapeutische Anwendung anbieten. Da die Krankheitsursachen bei MS vielfältig sind und sich kaum Risikogruppen definieren lassen, ist eine Primärprävention durch die genannten Interventionen unwahrscheinlich. Dahingegen könnte der präventive Einsatz bei Patienten mit KIS-Diagnose die Entstehung von MS verzögern.

Literaturverzeichnis

Acharya M.; Mukhopadhyay S.; Païdassi H.; Jamil T.; Chow C.; Kissler S.; Stuart L.M.; Hynes R.O.; Lacy-Hulbert A. (2010): αv Integrin expression by DCs is required for Th17 cell differentiation and development of experimental autoimmune encephalomyelitis in mice. In: The Journal of clinical investigation 120 (12), S. 4445–4452. DOI: https://doi.org/10.1172/JCI43796.

Ahmed S.I.; Aziz K.; Gul A.; Samar S.S.; Bareeqa S.B. (2019): Risk of Multiple Sclerosis in Epstein-Barr Virus Infection. In: Cureus 11 (9), e5699. DOI: https://doi.org/10.7759/cureus.5699.

Albrecht S.; Fleck A.-K.; Kirchberg I.; Hucke S.; Liebmann M.; Klotz L.; Kuhlmann T. (2017): Activation of FXR pathway does not alter glial cell function. In: Journal of neuroinflammation 14 (1), 66. DOI: https://doi.org/10.1186/s12974-017-0833-6.

Aldars-García L.; Chaparro M.; Gisbert J.P. (2021): Systematic Review: The Gut Microbiome and Its Potential Clinical Application in Inflammatory Bowel Disease. In: Microorganisms 9 (5), 977. DOI: https://doi.org/10.3390/microorganisms9050977.

Ang Z.; Er J.Z.; Tan N.S.; Lu J.; Liou Y.-C.; Grosse J.; Ding J.L. (2016): Human and mouse monocytes display distinct signalling and cytokine profiles upon stimulation with FFAR2/FFAR3 short-chain fatty acid receptor agonists. In: Scientific reports 6, 34145. DOI: https://doi.org/10.1038/srep34145.

Arboleya S.; Binetti A.; Salazar N.; Fernández N.; Solís G.; Hernández-Barranco A.; Margolles A.; Los Reyes-Gavilán C.G. de; Gueimonde M. (2012): Establishment and development of intestinal microbiota in preterm neonates. In: FEMS microbiology ecology 79 (3), S. 763–772. DOI: https://doi.org/10.1111/j.1574-6941.2011.01261.x.

Arboleya S.; Watkins C.; Stanton C.; Ross R.P. (2016): Gut Bifidobacteria Populations in Human Health and Aging. In: Frontiers in microbiology 7, 1204. DOI: https://doi.org/10.3389/fmicb.2016.01204.

Atarashi K.; Tanoue T.; Ando M.; Kamada N.; Nagano Y.; Narushima S.; Suda W.; Imaoka A.; Setoyama H.; Nagamori T.; Ishikawa E.; Shima T.; Hara T.; Kado S.; Jinnohara T.; Ohno H.; Kondo T.; Toyooka K.; Watanabe E.; Yokoyama S.-I.; Tokoro S.; Mori H.; Noguchi Y.; Morita H.; Ivanov I.I.; Sugiyama T.; Nuñez G.; Camp J.G.; Hattori M.; Umesaki Y.; Honda K. (2015): Th17 Cell Induction by Adhesion of Microbes to Intestinal Epithelial Cells. In: Cell 163 (2), S. 367–380. DOI: https://doi.org/10.1016/j.cell.2015.08.058.

Atarashi K.; Tanoue T.; Shima T.; Imaoka A.; Kuwahara T.; Momose Y.; Cheng G.; Yamasaki S.; Saito T.; Ohba Y.; Taniguchi T.; Takeda K.; Hori S.; Ivanov I.I.; Umesaki Y.; Itoh K.; Honda K. (2011): Induction of colonic regulatory T cells by indigenous Clostridium species. In: Science 331 (6015), S. 337–341. DOI: https://doi.org/10.1126/science. 1198469.

Baba Y.; Saito Y.; Kotetsu Y. (2020): Heterogeneous subsets of B-lineage regulatory cells (Breg cells). In: International immunology 32 (3), S. 155–162. DOI: https://doi.org/10. 1093/intimm/dxz068.

Baecher-Allan C.; Kaskow B.J.; Weiner H.L. (2018): Multiple Sclerosis: Mechanisms and Immunotherapy. In: Neuron 97 (4), S. 742–768. DOI: https://doi.org/10.1016/j.neuron. 2018.01.021.

Bakhuraysah M.M.; Theotokis P.; Lee J.Y.; Alrehaili A.A.; Aui P.-M.; Figgett W.A.; Azari M.F.; Abou-Afech J.-P.; Mackay F.; Siatskas C.; Alderuccio F.; Strittmatter S.M.; Grigoriadis N.; Petratos S. (2021): B-cells expressing NgR1 and NgR3 are localized to EAE-induced inflammatory infiltrates and are stimulated by BAFF. In: Scientific reports 11 (1), 2890. DOI: https://doi.org/10.1038/s41598-021-82346-6.

Barbosa P.M.; Barbosa E.R. (2020): The Gut Brain-Axis in Neurological Diseases. In: International Journal of Cardiovascular Sciences 33 (5), S. 528–536. DOI: https://doi.org/10. 36660/ijcs.20200039.

Bartolomaeus T.U.P.; Birkner T.; Bartolomaeus H.; Löber U.; Avery E.G.; Mähler A.; Weber D.; Kochlik B.; Balogh A.; Wilck N.; Boschmann M.; Müller D.N.; Markó L.; Forslund S.K. (2021): Quantifying technical confounders in microbiome studies. In: Cardiovascular research 117 (3), S. 863–875. DOI: https://doi.org/10.1093/cvr/cvaa128.

Becker C.; Neurath M.F.; Wirtz S. (2015): The Intestinal Microbiota in Inflammatory Bowel Disease. In: ILAR journal 56 (2), S. 192–204. DOI: https://doi.org/10.1093/ilar/ilv030.

Bellono N.W.; Bayrer J.R.; Leitch D.B.; Castro J.; Zhang C.; O'Donnell T.A.; Brierley S.M.; Ingraham H.A.; Julius D. (2017): Enterochromaffin Cells Are Gut Chemosensors that Couple to Sensory Neural Pathways. In: Cell 170 (1), S. 185–198. DOI: https://doi.org/ 10.1016/j.cell.2017.05.034.

Berer K.; Gerdes L.A.; Cekanaviciute E.; Jia X.; Xiao L.; Xia Z.; Liu C.; Klotz L.; Stauffer U.; Baranzini S.E.; Kümpfel T.; Hohlfeld R.; Krishnamoorthy G.; Wekerle H. (2017): Gut microbiota from multiple sclerosis patients enables spontaneous autoimmune encephalomyelitis in mice. In: PNAS 114 (40), S. 10719–10724. DOI: https://doi.org/10.1073/pnas. 1711233114.

Berer K.; Martínez I.; Walker A.; Kunkel B.; Schmitt-Kopplin P.; Walter J.; Krishnamoorthy G. (2018): Dietary non-fermentable fiber prevents autoimmune neurological disease by changing gut metabolic and immune status. In: Scientific reports 8 (1), 10431. DOI: https://doi.org/10.1038/s41598-018-28839-3.

Berg G.; Rybakova D.; Fischer D.; Cernava T.; Vergès M.-C.C.; Charles T.; Chen X.; Cocolin L.; Eversole K.; Corral G.H.; Kazou M.; Kinkel L.; Lange L.; Lima N.; Loy A.; Macklin J.A.; Maguin E.; Mauchline T.; McClure R.; Mitter B.; Ryan M.; Sarand I.; Smidt H.; Schelkle B.; Roume H.; Kiran G.S.; Selvin J.; Souza R.S.C. de; van Overbeek L.; Singh B.K.; Wagner M.; Walsh A.; Sessitsch A.; Schloter M. (2020): Microbiome definition revisited: old concepts and new challenges. In: Microbiome 8 (1), 103. DOI: https://doi.org/ 10.1186/s40168-020-00875-0.

Beule A. (2018): Das Mikrobiom – die unplanbare Größe zukünftiger Therapien. In: Laryngo-Rhino-Otologie 97 (S 01), S. S279-S311. DOI: https://doi.org/10.1055/s-0043-122301.

Bhargava P.; Smith M.D.; Mische L.; Harrington E.; Fitzgerald K.C.; Martin K.; Kim S.; Reyes A.A.; Gonzalez-Cardona J.; Volsko C.; Tripathi A.; Singh S.; Varanasi K.; Lord H.-N.; Meyers K.; Taylor M.; Gharagozloo M.; Sotirchos E.S.; Nourbakhsh B.; Dutta R.; Mowry E.M.; Waubant E.; Calabresi P.A. (2020): Bile acid metabolism is altered in multiple sclerosis and supplementation ameliorates neuroinflammation. In: The Journal of clinical investigation 130 (7), S. 3467–3482. DOI: https://doi.org/10.1172/JCI129401.

Biagioli M.; Carino A.; Cipriani S.; Francisci D.; Marchianò S.; Scarpelli P.; Sorcini D.; Zampella A.; Fiorucci S. (2017): The Bile Acid Receptor GPBAR1 Regulates the M1/M2 Phenotype of Intestinal Macrophages and Activation of GPBAR1 Rescues Mice from Murine Colitis. In: Journal of immunology 199 (2), S. 718–733. DOI: https://doi.org/10.4049/jimmunol.1700183.

Biedermann T.; Volz T. (2016): Natürliche Immunität und ihre Bedeutung für das Mikrobiom. In: Tilo Biedermann, Werner Heppt, Harald Renz und Martin Röcken (Hg.): Allergologie. 2. Auflage. Berlin, Heidelberg: Springer Berlin Heidelberg, S. 37–47.

Blais L.L.; Montgomery T.L.; Amiel E.; Deming P.B.; Krementsov D.N. (2021): Probiotic and commensal gut microbial therapies in multiple sclerosis and its animal models: a comprehensive review. In: Gut microbes 13 (1), 1943289. DOI: https://doi.org/10.1080/19490976.2021.1943289.

Boers S.A.; Jansen R.; Hays J.P. (2019): Understanding and overcoming the pitfalls and biases of next-generation sequencing (NGS) methods for use in the routine clinical microbiological diagnostic laboratory. In: European journal of clinical microbiology & infectious diseases 38 (6), S. 1059–1070. DOI: https://doi.org/10.1007/s10096-019-03520-3.

Bonaz B.; Bazin T.; Pellissier S. (2018): The Vagus Nerve at the Interface of the Microbiota-Gut-Brain Axis. In: Frontiers in Neuroscience 12, 49. DOI: https://doi.org/10.3389/fnins.2018.00049.

Borody T.; Leis S.; Campbell J.; Torres M.; Nowak A. (2011): Fecal Microbiota Transplantation (FMT) in Multiple Sclerosis (MS). In: American Journal of gastroenterology 106, S. 352. DOI: https://doi.org/10.14309/00000434-201110002-00942.

Boziki M.K.; Kesidou E.; Theotokis P.; Mentis A.-F.A.; Karafoulidou E.; Melnikov M.; Sviridova A.; Rogovski V.; Boyko A.; Grigoriadis N. (2020): Microbiome in Multiple Sclerosis: Where Are We, What We Know and Do Not Know. In: Brain sciences 10 (4), 234. DOI: https://doi.org/10.3390/brainsci10040234.

Braniste V.; Al-Asmakh M.; Kowal C.; Anuar F.; Abbaspour A.; Tóth M.; Korecka A.; Bakocevic N.; Ng L.G.; Guan N.L.; Kundu P.; Gulyás B.; Halldin C.; Hultenby K.; Nilsson H.; Hebert H.; Volpe B.T.; Diamond B.; Pettersson S. (2014): The gut microbiota influences blood-brain barrier permeability in mice. In: Science translational medicine 6 (263), 263ra158. DOI: https://doi.org/10.1126/scitranslmed.3009759.

Britton G.J.; Contijoch E.J.; Mogno I.; Vennaro O.H.; Llewellyn S.R.; Ng R.; Li Z.; Mortha A.; Merad M.; Das A.; Gevers D.; McGovern D.P.B.; Singh N.; Braun J.; Jacobs J.P.; Clemente J.C.; Grinspan A.; Sands B.E.; Colombel J.-F.; Dubinsky M.C.; Faith J.J. (2019): Microbiotas from Humans with Inflammatory Bowel Disease Alter the Balance of Gut

Th17 and RORγt+ Regulatory T Cells and Exacerbate Colitis in Mice. In: Immunity 50 (1), S. 212–224. DOI: https://doi.org/10.1016/j.immuni.2018.12.015.

Brumfield K.D.; Huq A.; Colwell R.R.; Olds J.L.; Leddy M.B. (2020): Microbial resolution of whole genome shotgun and 16S amplicon metagenomic sequencing using publicly available NEON data. In: PloS one 15 (2), e0228899. DOI: https://doi.org/10.1371/jou rnal.pone.0228899.

Buchta C.M.; Bishop G.A. (2014): Toll-like receptors and B cells: functions and mechanisms. In: Immunologic research 59, S. 12–22. DOI: https://doi.org/10.1007/s12026-014-8523-2.

Buscarinu M.C.; Cerasoli B.; Annibali V.; Policano C.; Lionetto L.; Capi M.; Mechelli R.; Romano S.; Fornasiero A.; Mattei G.; Piras E.; Angelini D.F.; Battistini L.; Simmaco M.; Umeton R.; Salvetti M.; Ristori G. (2017): Altered intestinal permeability in patients with relapsing-remitting multiple sclerosis: A pilot study. In: Multiple sclerosis 23 (3), S. 442–446. DOI: https://doi.org/10.1177/1352458516652498.

Buscarinu M.C.; Fornasiero A.; Romano S.; Ferraldeschi M.; Mechelli R.; Reniè R.; Morena E.; Romano C.; Pellicciari G.; Landi A.C.; Salvetti M.; Ristori G. (2019): The Contribution of Gut Barrier Changes to Multiple Sclerosis Pathophysiology. In: Frontiers in immunology 10, 1916. DOI: https://doi.org/10.3389/fimmu.2019.01916.

Calvo-Barreiro L.; Eixarch H.; Ponce-Alonso M.; Castillo M.; Lebrón-Galán R.; Mestre L.; Guaza C.; Clemente D.; Del Campo R.; Montalban X.; Espejo C. (2020): A Commercial Probiotic Induces Tolerogenic and Reduces Pathogenic Responses in Experimental Autoimmune Encephalomyelitis. In: Cells 9 (4), 906. DOI: https://doi.org/10.3390/cells9 040906.

Camara-Lemarroy C.R.; Metz L.; Meddings J.B.; Sharkey K.A.; Wee Yong V. (2018): The intestinal barrier in multiple sclerosis: implications for pathophysiology and therapeutics. In: Brain 141 (7), S. 1900–1916. DOI: https://doi.org/10.1093/brain/awy131.

Camara-Lemarroy C.R.; Silva C.; Greenfield J.; Liu W.-Q.; Metz L.M.; Yong V.W. (2020): Biomarkers of intestinal barrier function in multiple sclerosis are associated with disease activity. In: Multiple sclerosis 26 (11), S. 1340–1350. DOI: https://doi.org/10.1177/135 2458519863133.

Canani R.B.; Di Costanzo M.; Leone L.; Pedata M.; Meli R.; Calignano A. (2011): Potential beneficial effects of butyrate in intestinal and extraintestinal diseases. In: World journal of gastroenterology 17 (12), S. 1519–1528. DOI: https://doi.org/10.3748/wjg.v17.i12.1519.

Cantarel B.L.; Waubant E.; Chehoud C.; Kuczynski J.; DeSantis T.Z.; Warrington J.; Venkatesan A.; Fraser C.M.; Mowry E.M. (2015): Gut microbiota in multiple sclerosis: possible influence of immunomodulators. In: Journal of investigative medicine 63 (5), S. 729–734. DOI: https://doi.org/10.1097/JIM.0000000000000192.

Cantoni C.; Dorsett Y.; Fontana L.; Zhou Y.; Piccio L. (2022): Effects of dietary restriction on gut microbiota and CNS autoimmunity. In: Clinical immunology 235, 108575. DOI: https://doi.org/10.1016/j.clim.2020.108575.

Casas-Engel M. de; Domínguez-Soto A.; Sierra-Filardi E.; Bragado R.; Nieto C.; Puig-Kroger A.; Samaniego R.; Loza M.; Corcuera M.T.; Gómez-Aguado F.; Bustos M.; Sánchez-Mateos P.; Corbí A.L. (2013): Serotonin skews human macrophage polarization through HTR2B and HTR7. In: Journal of immunology 190 (5), S. 2301–2310. DOI: https://doi.org/10.4049/jimmunol.1201133.

Castillo-Álvarez F.; Pérez-Matute P.; Oteo J.A.; Marzo-Sola M.E. (2021): The influence of interferon β-1b on gut microbiota composition in patients with multiple sclerosis. In: Neurologia 36 (7), S. 495–503. DOI: https://doi.org/10.1016/j.nrleng.2020.05.006.

Cawley N.; Solanky B.S.; Muhlert N.; Tur C.; Edden R.A.E.; Wheeler-Kingshott C.A.M.; Miller D.H.; Thompson A.J.; Ciccarelli O. (2015): Reduced gamma-aminobutyric acid concentration is associated with physical disability in progressive multiple sclerosis. In: Brain 138 (9), S. 2584–2595. DOI: https://doi.org/10.1093/brain/awv209.

Cekanaviciute E.; Yoo B.B.; Runia T.F.; Debelius J.W.; Singh S.; Nelson C.A.; Kanner R.; Bencosme Y.; Lee Y.K.; Hauser S.L.; Crabtree-Hartman E.; Sand I.K.; Gacias M.; Zhu Y.; Casaccia P.; Cree B.A.C.; Knight R.; Mazmanian S.K.; Baranzini S.E. (2017): Gut bacteria from multiple sclerosis patients modulate human T cells and exacerbate symptoms in mouse models. In: PNAS 114 (40), S. 10713–10718. DOI: https://doi.org/10.1073/pnas.1711235114.

Chambers E.S.; Preston T.; Frost G.; Morrison D.J. (2018): Role of Gut Microbiota-Generated Short-Chain Fatty Acids in Metabolic and Cardiovascular Health. In: Current nutrition reports 7 (4), S. 198–206. DOI: https://doi.org/10.1007/s13668-018-0248-8.

Chen B.; He X.; Pan B.; Zou X.; You N. (2021): Comparison of beta diversity measures in clustering the high-dimensional microbial data. In: PloS one 16 (2), e0246893. DOI: https://doi.org/10.1371/journal.pone.0246893.

Chen J.; Bittinger K.; Charlson E.S.; Hoffmann C.; Lewis J.; Wu G.D.; Collman R.G.; Bushman F.D.; Li H. (2012): Associating microbiome composition with environmental covariates using generalized UniFrac distances. In: Bioinformatics 28 (16), S. 2106–2113. DOI: https://doi.org/10.1093/bioinformatics/bts342.

Chen J.; Chia N.; Kalari K.R.; Yao J.Z.; Novotna M.; Paz Soldan M.M.; Luckey D.H.; Marietta E.V.; Jeraldo P.R.; Chen X.; Weinshenker B.G.; Rodriguez M.; Kantarci O.H.; Nelson H.; Murray J.A.; Mangalam A.K. (2016): Multiple sclerosis patients have a distinct gut microbiota compared to healthy controls. In: Scientific reports 6, 28484. DOI: https://doi.org/10.1038/srep28484.

Chen T.; Noto D.; Hoshino Y.; Mizuno M.; Miyake S. (2019): Butyrate suppresses demyelination and enhances remyelination. In: Journal of neuroinflammation 16 (1), 165. DOI: https://doi.org/10.1186/s12974-019-1552-y.

Chevalier A.C.; Rosenberger T.A. (2017): Increasing acetyl-CoA metabolism attenuates injury and alters spinal cord lipid content in mice subjected to experimental autoimmune encephalomyelitis. In: Journal of neurochemistry 141 (5), S. 721–737. DOI: https://doi.org/10.1111/jnc.14032.

Choileáin S.N.; Kleinewietfeld M.; Raddassi K.; Hafler D.A.; Ruff W.E.; Longbrake E.E. (2020): CXCR3+ T cells in multiple sclerosis correlate with reduced diversity of the gut microbiome. In: Journal of translational autoimmunity 3, 100032. DOI: https://doi.org/10.1016/j.jtauto.2019.100032.

Ciccarelli O.; Barkhof F.; Bodini B.; Stefano N. de; Golay X.; Nicolay K.; Pelletier D.; Pouwels P.J.W.; Smith S.A.; Wheeler-Kingshott C.A.M.; Stankoff B.; Yousry T.; Miller D.H. (2014): Pathogenesis of multiple sclerosis: insights from molecular and metabolic imaging. In: The Lancet Neurology 13 (8), S. 807–822. DOI: https://doi.org/10.1016/S1474-4422(14)70101-2.

Cignarella F.; Cantoni C.; Ghezzi L.; Salter A.; Dorsett Y.; Chen L.; Phillips D.; Weinstock G.M.; Fontana L.; Cross A.H.; Zhou Y.; Piccio L. (2018): Intermittent Fasting Confers

Protection in CNS Autoimmunity by Altering the Gut Microbiota. In: Cell metabolism 27 (6), S. 1222–1235. DOI: https://doi.org/10.1016/j.cmet.2018.05.006.

Colpitts S.L.; Kasper E.J.; Keever A.; Liljenberg C.; Kirby T.; Magori K.; Kasper L.H.; Ochoa-Repáraz J. (2017): A bidirectional association between the gut microbiota and CNS disease in a biphasic murine model of multiple sclerosis. In: Gut microbes 8 (6), S. 561–573. DOI: https://doi.org/10.1080/19490976.2017.1353843.

Consonni A.; Cordiglieri C.; Rinaldi E.; Marolda R.; Ravanelli I.; Guidesi E.; Elli M.; Mantegazza R.; Baggi F. (2018): Administration of bifidobacterium and lactobacillus strains modulates experimental myasthenia gravis and experimental encephalomyelitis in Lewis rats. In: Oncotarget 9 (32), S. 22269–22287. DOI: https://doi.org/10.18632/oncotarget. 25170.

Constantinescu C.S.; Farooqi N.; O'Brien K.; Gran B. (2011): Experimental autoimmune encephalomyelitis (EAE) as a model for multiple sclerosis (MS). In: British journal of pharmacology 164 (4), S. 1079–1106. DOI: https://doi.org/10.1111/j.1476-5381.2011. 01302.x.

Correale J.; Marrodan M.; Ysrraelit M.C. (2019): Mechanisms of Neurodegeneration and Axonal Dysfunction in Progressive Multiple Sclerosis. In: Biomedicines 7 (1), 14. DOI: https://doi.org/10.3390/biomedicines7010014.

Corrêa-Oliveira R.; Fachi J.L.; Vieira A.; Sato F.T.; Vinolo M.A.R. (2016): Regulation of immune cell function by short-chain fatty acids. In: Clinical & translational immunology 5 (4), e73. DOI: https://doi.org/10.1038/cti.2016.17.

Cosorich I.; Dalla-Costa G.; Sorini C.; Ferrarese R.; Messina M.J.; Dolpady J.; Radice E.; Mariani A.; Testoni P.A.; Canducci F.; Comi G.; Martinelli V.; Falcone M. (2017): High frequency of intestinal TH17 cells correlates with microbiota alterations and disease activity in multiple sclerosis. In: Science advances 3 (7), e1700492. DOI: https://doi.org/10. 1126/sciadv.1700492.

Crawford A.H.; Tripathi R.B.; Foerster S.; McKenzie I.; Kougioumtzidou E.; Grist M.; Richardson W.D.; Franklin R.J.M. (2016): Pre-Existing Mature Oligodendrocytes Do Not Contribute to Remyelination following Toxin-Induced Spinal Cord Demyelination. In: The American journal of pathology 186 (3), S. 511–516. DOI: https://doi.org/10.1016/ j.ajpath.2015.11.005.

Cree B.A.C.; Spencer C.M.; Varrin-Doyer M.; Baranzini S.E.; Zamvil S.S. (2016): Gut microbiome analysis in neuromyelitis optica reveals overabundance of Clostridium perfringens. In: Annals of neurology 80 (3), S. 443–447. DOI: https://doi.org/10.1002/ana. 24718.

Cronin P.; Joyce S.A.; O'Toole P.W.; O'Connor E.M. (2021): Dietary Fibre Modulates the Gut Microbiota. In: Nutrients 13 (5), 1655. DOI: https://doi.org/10.3390/nu13051655.

D'Alessandro R.; Vignatelli L.; Lugaresi A.; Baldin E.; Granella F.; Tola M.R.; Malagù S.; Motti L.; Neri W.; Galeotti M.; Santangelo M.; Fiorani L.; Montanari E.; Scandellari C.; Benedetti M.D.; Leone M. (2013): Risk of multiple sclerosis following clinically isolated syndrome: a 4-year prospective study. In: Journal of neurology 260 (6), S. 1583–1593. DOI: https://doi.org/10.1007/s00415-013-6838-x.

Daltrozzo T.; Hapfelmeier A.; Donnachie E.; Schneider A.; Hemmer B. (2018): A Systematic Assessment of Prevalence, Incidence and Regional Distribution of Multiple Sclerosis in Bavaria From 2006 to 2015. In: Frontiers in neurology 9, 871. DOI: https://doi.org/10. 3389/fneur.2018.00871.

Das P.; Babaei P.; Nielsen J. (2019): Metagenomic analysis of microbe-mediated vitamin metabolism in the human gut microbiome. In: BMC genomics 20 (1), 208. DOI: https://doi.org/10.1186/s12864-019-5591-7.

Demitrowitz N.; Ziemssen T. (2020): Multiple Sklerose: Neuroinflammation und -degeneration Hand in Hand. In: Kompass Autoimmun 2 (4), S. 147–150. DOI: https://doi.org/10.1159/000511562.

Derrien M.; Alvarez A.S.; Vos W.M. (2019): The Gut Microbiota in the First Decade of Life. In: Trends in microbiology 27 (12), S. 997–1010. DOI: https://doi.org/10.1016/j.tim.2019.08.001.

Dimas P.; Montani L.; Pereira J.A.; Moreno D.; Trötzmüller M.; Gerber J.; Semenkovich C.F.; Köfeler H.C.; Suter U. (2019): CNS myelination and remyelination depend on fatty acid synthesis by oligodendrocytes. In: eLife 8, e44702. DOI: https://doi.org/10.7554/eLife.44702.

Dong Y.; Yong V.W. (2019): When encephalitogenic T cells collaborate with microglia in multiple sclerosis. In: Nature reviews neurology 15 (12), S. 704–717. DOI: https://doi.org/10.1038/s41582-019-0253-6.

Donner Susanne (2021): Multiple Sklerose – Angriff aus dem Darm. Online verfügbar unter: https://www.welt.de/gesundheit/plus210475597/Multiple-Sklerose-oder-der-Angriff-aus-dem-Darm.html, zuletzt geprüft am 25.04.2022.

Dopkins N.; Becker W.; Miranda K.; Walla M.; Nagarkatti P.; Nagarkatti M. (2021): Tryptamine Attenuates Experimental Multiple Sclerosis Through Activation of Aryl Hydrocarbon Receptor. In: Frontiers in pharmacology 11, 619265. DOI: https://doi.org/10.3389/fphar.2020.619265.

Doughty L. (2011): Pathogen Associated Molecular Patterns, Pattern Recognition Receptors and Pediatric Sepsis. In: The Open Inflammation Journal 4 (1), S. 31–48. DOI: https://doi.org/10.2174/1875041901104010031.

Duc D.; Vigne S.; Bernier-Latmani J.; Yersin Y.; Ruiz F.; Gaïa N.; Leo S.; Lazarevic V.; Schrenzel J.; Petrova T.V.; Pot C. (2019): Disrupting Myelin-Specific Th17 Cell Gut Homing Confers Protection in an Adoptive Transfer Experimental Autoimmune Encephalomyelitis. In: Cell reports 29 (2), S. 378–390. DOI: https://doi.org/10.1016/j.celrep.2019.09.002.

Durack J.; Lynch S.V. (2018): The gut microbiome: Relationships with disease and opportunities for therapy. In: The Journal of experimental medicine 216 (1), S. 20–40. DOI: https://doi.org/10.1084/jem.20180448.

Duscha A.; Gisevius B.; Hirschberg S.; Yissachar N.; Stangl G.I.; Eilers E.; Bader V.; Haase S.; Kaisler J.; David C.; Schneider R.; Troisi R.; Zent D.; Hegelmaier T.; Dokalis N.; Gerstein S.; Del Mare-Roumani S.; Amidror S.; Staszewski O.; Poschmann G.; Stühler K.; Hirche F.; Balogh A.; Kempa S.; Träger P.; Zaiss M.M.; Holm J.B.; Massa M.G.; Nielsen H.B.; Faissner A.; Lukas C.; Gatermann S.G.; Scholz M.; Przuntek H.; Prinz M.; Forslund S.K.; Winklhofer K.F.; Müller D.N.; Linker R.A.; Gold R.; Haghikia A. (2020): Propionic Acid Shapes the Multiple Sclerosis Disease Course by an Immunomodulatory Mechanism. In: Cell 180 (6), S. 1067–1080. DOI: https://doi.org/10.1016/j.cell.2020.02.035.

Engen P.A.; Zaferiou A.; Rasmussen H.; Naqib A.; Green S.J.; Fogg L.F.; Forsyth C.B.; Raeisi S.; Hamaker B.; Keshavarzian A. (2020): Single-Arm, Non-randomized, Time

Series, Single-Subject Study of Fecal Microbiota Transplantation in Multiple Sclerosis. In: Frontiers in neurology 11, 978. DOI: https://doi.org/10.3389/fneur.2020.00978.

Eribo O.A.; Du Plessis N.; Chegou N.N. (2022): The Intestinal Commensal, Bacteroides fragilis, Modulates Host Responses to Viral Infection and Therapy: Lessons for Exploration during Mycobacterium tuberculosis Infection. In: Infection and immunity 90 (1), e0032121. DOI: https://doi.org/10.1128/IAI.00321-21.

Erny D.; Hrabě de Angelis A.L.; Jaitin D.; Wieghofer P.; Staszewski O.; David E.; Keren-Shaul H.; Mahlakoiv T.; Jakobshagen K.; Buch T.; Schwierzeck V.; Utermöhlen O.; Chun E.; Garrett W.S.; McCoy K.D.; Diefenbach A.; Staeheli P.; Stecher B.; Amit I.; Prinz M. (2015): Host microbiota constantly control maturation and function of microglia in the CNS. In: Nature neuroscience 18 (7), S. 965–977. DOI: https://doi.org/10.1038/nn.4030.

Escribano B.M.; Medina-Fernández F.J.; Aguilar-Luque M.; Agüera E.; Feijoo M.; Garcia-Maceira F.I.; Lillo R.; Vieyra-Reyes P.; Giraldo A.I.; Luque E.; Drucker-Colín R.; Túnez I. (2017): Lipopolysaccharide Binding Protein and Oxidative Stress in a Multiple Sclerosis Model. In: Neurotherapeutics 14 (1), S. 199–211. DOI: https://doi.org/10.1007/s13311-016-0480-0.

Fan X.; Jin Y.; Chen G.; Ma X.; Zhang L. (2021): Gut Microbiota Dysbiosis Drives the Development of Colorectal Cancer. In: Digestion 102 (4), S. 508–515. DOI: https://doi.org/10.1159/000508328.

Fang J.; Wang H.; Zhou Y.; Zhang H.; Zhou J.; Zhang X. (2021): Slimy partners: the mucus barrier and gut microbiome in ulcerative colitis. In: Experimental & molecular medicine 53 (5), S. 772–787. DOI: https://doi.org/10.1038/s12276-021-00617-8.

Farowski F.; Vital M. (2016): Bioinformatische und statistische Grundlagen. In: Andreas Stallmach und Maria J.G.T. Vehreschild (Hg.): Mikrobiom – Wissensstand und Perspektiven. 1. Auflage. Berlin, Boston: De Gruyter.

Feng Y.; Wang Y.; Wang P.; Huang Y.; Wang F. (2018): Short-Chain Fatty Acids Manifest Stimulative and Protective Effects on Intestinal Barrier Function Through the Inhibition of NLRP3 Inflammasome and Autophagy. In: Cellular physiology and biochemistry 49 (1), S. 190–205. DOI: https://doi.org/10.1159/000492853.

Fettig N.M.; Osborne L.C. (2021): Direct and indirect effects of microbiota-derived metabolites on neuroinflammation in multiple sclerosis. In: Microbes and infection 23 (6–7), 104814. DOI: https://doi.org/10.1016/j.micinf.2021.104814.

Figliuolo V.R.; Dos Santos L.M.; Abalo A.; Nanini H.; Santos A.; Brittes N.M.; Bernardazzi C.; Souza H.S.P. de; Vieira L.Q.; Coutinho-Silva R.; Coutinho C.M.L.M. (2017): Sulfate-reducing bacteria stimulate gut immune responses and contribute to inflammation in experimental colitis. In: Life sciences 189, S. 29–38. DOI: https://doi.org/10.1016/j.lfs.2017.09.014.

Finotello F.; Mastrorilli E.; Di Camillo B. (2018): Measuring the diversity of the human microbiota with targeted next-generation sequencing. In: Briefings in bioinformatics 19 (4), S. 679–692. DOI: https://doi.org/10.1093/bib/bbw119.

Fiorucci S.; Biagioli M.; Zampella A.; Distrutti E. (2018): Bile Acids Activated Receptors Regulate Innate Immunity. In: Frontiers in immunology 9, 1853. DOI: https://doi.org/10.3389/fimmu.2018.01853.

Flachenecker P.; Eichstädt K.; Berger K.; Ellenberger D.; Friede T.; Haas J.; Kleinschnitz C.; Pöhlau D.; Rienhoff O.; Stahmann A.; Zettl U.K. (2020): Multiple Sklerose in Deutschland: aktualisierte Auswertungen des MS-Registers der DMSG 2014–2018. In: Fortschritte der Neurologie-Psychiatrie 88 (7), S. 436–450. DOI: https://doi.org/10.1055/a-0985-4124.

Flint H.J.; Scott K.P.; Louis P.; Duncan S.H. (2012): The role of the gut microbiota in nutrition and health. In: Nature reviews gastroenterology & hepatology 9 (10), S. 577–589. DOI: https://doi.org/10.1038/nrgastro.2012.156.

Francis A.; Constantinescu C.S. (2018): Gastrointestinal influences in multiple sclerosis: Focus on the role of the microbiome. In: Clin Exp Neuroimmunol 9, S. 2–12. DOI: https://doi.org/10.1111/cen3.12432.

Freedman S.N.; Shahi S.K.; Mangalam A.K. (2018): The "Gut Feeling": Breaking Down the Role of Gut Microbiome in Multiple Sclerosis. In: Neurotherapeutics 15 (1), S. 109–125. DOI: https://doi.org/10.1007/s13311-017-0588-x.

Fricker A.M.; Podlesny D.; Fricke W.F. (2019): What is new and relevant for sequencing-based microbiome research? A mini-review. In: Journal of advanced research 19, S. 105–112. DOI: https://doi.org/10.1016/j.jare.2019.03.006.

Frister A.; Schmidt C.; Schneble N.; Brodhun M.; Gonnert F.A.; Bauer M.; Hirsch E.; Müller J.P.; Wetzker R.; Bauer R. (2014): Phosphoinositide 3-kinase γ affects LPS-induced disturbance of blood-brain barrier via lipid kinase-independent control of cAMP in microglial cells. In: Neuromolecular medicine 16 (4), S. 704–713. DOI: https://doi.org/10.1007/s12017-014-8320-z.

Frost G.; Sleeth M.L.; Sahuri-Arisoylu M.; Lizarbe B.; Cerdan S.; Brody L.; Anastasovska J.; Ghourab S.; Hankir M.; Zhang S.; Carling D.; Swann J.R.; Gibson G.; Viardot A.; Morrison D.; Louise Thomas E.; Bell J.D. (2014): The short-chain fatty acid acetate reduces appetite via a central homeostatic mechanism. In: Nature communications 5, 3611. DOI: https://doi.org/10.1038/ncomms4611.

Fujii T.; Ohtsuka Y.; Lee T.; Kudo T.; Shoji H.; Sato H.; Nagata S.; Shimizu T.; Yamashiro Y. (2006): Bifidobacterium breve enhances transforming growth factor beta1 signaling by regulating Smad7 expression in preterm infants. In: Journal of pediatric gastroenterology and nutrition 43 (1), S. 83–88. DOI: https://doi.org/10.1097/01.mpg.0000228100.04702.f8.

Furusawa Y.; Obata Y.; Fukuda S.; Endo T.A.; Nakato G.; Takahashi D.; Nakanishi Y.; Uetake C.; Kato K.; Kato T.; Takahashi M.; Fukuda N.N.; Murakami S.; Miyauchi E.; Hino S.; Atarashi K.; Onawa S.; Fujimura Y.; Lockett T.; Clarke J.M.; Topping D.L.; Tomita M.; Hori S.; Ohara O.; Morita T.; Koseki H.; Kikuchi J.; Honda K.; Hase K.; Ohno H. (2013): Commensal microbe-derived butyrate induces the differentiation of colonic regulatory T cells. In: Nature 504 (7480), S. 446–450. DOI: https://doi.org/10.1038/nature12721.

Galluzzo P.; Capri F.C.; Vecchioni L.; Realmuto S.; Scalisi L.; Cottone S.; Nuzzo D.; Alduina R. (2021): Comparison of the Intestinal Microbiome of Italian Patients with Multiple Sclerosis and Their Household Relatives. In: Life 11 (7). DOI: https://doi.org/10.3390/life11070620.

Gao K.; Pi Y.; Mu C.-L.; Peng Y.; Huang Z.; Zhu W.-Y. (2018): Antibiotics-induced modulation of large intestinal microbiota altered aromatic amino acid profile and expression of neurotransmitters in the hypothalamus of piglets. In: Journal of neurochemistry 146 (3), S. 219–234. DOI: https://doi.org/10.1111/jnc.14333.

Gaudino S.J.; Kumar P. (2019): Cross-Talk Between Antigen Presenting Cells and T Cells Impacts Intestinal Homeostasis, Bacterial Infections, and Tumorigenesis. In: Frontiers in immunology 10, 360. DOI: https://doi.org/10.3389/fimmu.2019.00360.

Geng S.; Cheng S.; Li Y.; Wen Z.; Ma X.; Jiang X.; Wang Y.; Han X. (2018): Faecal Microbiota Transplantation Reduces Susceptibility to Epithelial Injury and Modulates Tryptophan Metabolism of the Microbial Community in a Piglet Model. In: Journal of Crohn's & colitis 12 (11), S. 1359–1374. DOI: https://doi.org/10.1093/ecco-jcc/jjy103.

Gerdes L.A.; Yoon H.; Peters A. (2020): Mikrobiota und Multiple Sklerose. In: Der Nervenarzt 91 (12), S. 1096–1107. DOI: https://doi.org/10.1007/s00115-020-01012-w.

Gharibi T.; Babaloo Z.; Hosseini A.; Marofi F.; Ebrahimi-Kalan A.; Jahandideh S.; Baradaran B. (2020): The role of B cells in the immunopathogenesis of multiple sclerosis. In: Immunology 160 (4), S. 325–335. DOI: https://doi.org/10.1111/imm.13198.

Ghasemi N.; Razavi S.; Nikzad E. (2017): Multiple Sclerosis: Pathogenesis, Symptoms, Diagnoses and Cell-Based Therapy. In: Cell journal 19 (1), S. 1–10. DOI: https://doi.org/10.22074/cellj.2016.4867.

Ghezzi L.; Cantoni C.; Pinget G.V.; Zhou Y.; Piccio L. (2021): Targeting the gut to treat multiple sclerosis. In: The Journal of clinical investigation 131 (13), e143774. DOI: https://doi.org/10.1172/JCI143774.

Ghosh S.; Whitley C.S.; Haribabu B.; Jala V.R. (2021): Regulation of Intestinal Barrier Function by Microbial Metabolites. In: Cellular and molecular gastroenterology and hepatology 11 (5), S. 1463–1482. DOI: https://doi.org/10.1016/j.jcmgh.2021.02.007.

Gilbert J.A.; Blaser M.J.; Caporaso J.G.; Jansson J.K.; Lynch S.V.; Knight R. (2018): Current understanding of the human microbiome. In: Nature medicine 24 (4), S. 392–400. DOI: https://doi.org/10.1038/nm.4517.

Gödel C.; Kunkel B.; Kashani A.; Lassmann H.; Arumugam M.; Krishnamoorthy G. (2020): Perturbation of gut microbiota decreases susceptibility but does not modulate ongoing autoimmune neurological disease. In: Journal of neuroinflammation 17 (1), 79. DOI: https://doi.org/10.1186/s12974-020-01766-9.

Goldschmidt C.; McGinley M.P. (2021): Advances in the Treatment of Multiple Sclerosis. In: Neurologic clinics 39 (1), S. 21–33. DOI: https://doi.org/10.1016/j.ncl.2020.09.002.

Goto Y.; Panea C.; Nakato G.; Cebula A.; Lee C.; Diez M.G.; Laufer T.M.; Ignatowicz L.; Ivanov I.I. (2014): Segmented filamentous bacteria antigens presented by intestinal dendritic cells drive mucosal Th17 cell differentiation. In: Immunity 40 (4), S. 594–607. DOI: https://doi.org/10.1016/j.immuni.2014.03.005.

Guo P.; Zhang K.; Ma X.; He P. (2020): Clostridium species as probiotics: potentials and challenges. In: Journal of animal science and biotechnology 11, 24. DOI: https://doi.org/10.1186/s40104-019-0402-1.

Gustavsen S.; Olsson A.; Søndergaard H.B.; Andresen S.R.; Sørensen P.S.; Sellebjerg F.; Oturai A. (2021): The association of selected multiple sclerosis symptoms with disability and quality of life: a large Danish self-report survey. In: BMC neurology 21 (1), 317. DOI: https://doi.org/10.1186/s12883-021-02344-z.

Gutiérrez-Vázquez C.; Quintana F.J. (2018): Regulation of the Immune Response by the Aryl Hydrocarbon Receptor. In: Immunity 48 (1), S. 19–33. DOI: https://doi.org/10.1016/j.immuni.2017.12.012.

Haas J.; Hug A.; Viehöver A.; Fritzsching B.; Falk C.S.; Filser A.; Vetter T.; Milkova L.; Korporal M.; Fritz B.; Storch-Hagenlocher B.; Krammer P.H.; Suri-Payer E.; Wildemann B. (2005): Reduced suppressive effect of CD4+CD25high regulatory T cells on the T cell immune response against myelin oligodendrocyte glycoprotein in patients with multiple sclerosis. In: European journal of immunology 35 (11), S. 3343–3352. DOI: https://doi.org/10.1002/eji.200526065.

Haghikia A.; Jörg S.; Duscha A.; Berg J.; Manzel A.; Waschbisch A.; Hammer A.; Lee D.-H.; May C.; Wilck N.; Balogh A.; Ostermann A.I.; Schebb N.H.; Akkad D.A.; Grohme D.A.; Kleinewietfeld M.; Kempa S.; Thöne J.; Demir S.; Müller D.N.; Gold R.; Linker R.A. (2015): Dietary Fatty Acids Directly Impact Central Nervous System Autoimmunity via the Small Intestine. In: Immunity 43 (4), S. 817–829. DOI: https://doi.org/10.1016/j.immuni.2015.09.007.

Hang L.; Kumar S.; Blum A.M.; Urban J.F.; Fantini M.C.; Weinstock J.V. (2019): Heligmosomoides polygyrus bakeri Infection Decreases Smad7 Expression in Intestinal CD4+ T Cells, Which Allows TGF-β to Induce IL-10-Producing Regulatory T Cells That Block Colitis. In: Journal of immunology 202 (8), S. 2473–2481. DOI: https://doi.org/10.4049/jimmunol.1801392.

Haupeltshofer S.; Leichsenring T.; Berg S.; Pedreiturria X.; Joachim S.C.; Tischoff I.; Otte J.-M.; Bopp T.; Fantini M.C.; Esser C.; Willbold D.; Gold R.; Faissner S.; Kleiter I. (2019): Smad7 in intestinal CD4+ T cells determines autoimmunity in a spontaneous model of multiple sclerosis. In: PNAS 116 (51), S. 25860–25869. DOI: https://doi.org/10.1073/pnas.1905955116.

He B.; Hoang T.K.; Tian X.; Taylor C.M.; Blanchard E.; Luo M.; Bhattacharjee M.B.; Freeborn J.; Park S.; Couturier J.; Lindsey J.W.; Tran D.Q.; Rhoads J.M.; Liu Y. (2019): Lactobacillus reuteri Reduces the Severity of Experimental Autoimmune Encephalomyelitis in Mice by Modulating Gut Microbiota. In: Frontiers in immunology 10, 385. DOI: https://doi.org/10.3389/fimmu.2019.00385.

He F.; Peng J.; Deng X.-L.; Yang L.-F.; Wu L.-W.; Zhang C.-L.; Yin F. (2011): RhoA and NF-κB are involved in lipopolysaccharide-induced brain microvascular cell line hyperpermeability. In: Neuroscience 188, S. 35–47. DOI: https://doi.org/10.1016/j.neuroscience.2011.04.025.

Hein T.; Hopfenmüller W. (2000): Hochrechnung der Zahl an Multiple Sklerose erkrankten Patienten in Deutschland. In: Der Nervenarzt 71 (4), S. 288–294. DOI: https://doi.org/10.1007/s001150050559.

Hemmer B.; Antonios B.; Achim B.; Faßhauer E.; Flachenecker P.; Haghikia A.; Heesen C.; Hegen H.; Henze T.; Korn T.; Kümpfel T.; Lamprecht S.; Lüssi F.; Meier U.; Meyer zu Hörste G.; Rostasy K.; Salmen A.; Scheiderbauer J.; Schmidt M.; Schumann S.; Stark E.; Trebst C.; Warnke C.; Wildemann B.; Zipp F. (2021): Diagnose und Therapie der Multiplen Sklerose, Neuromyelitis-optica-Spektrum-Erkrankungen und MOG-IgG-assoziierten Erkrankungen, S2k-Leitlinie. Hg. v. Deutsche Gesellschaft für Neurologie. Online verfügbar unter: https://dgn.org/leitlinien/ll-030-050-diagnose-und-therapie-der-multiplen-sklerose-neuromyelitis-optica-spektrum-erkrankungen-und-mog-igg-assoziierten-erkrankungen/, zuletzt geprüft am 25.04.2022.

Herman D.R.; Rhoades N.; Mercado J.; Argueta P.; Lopez U.; Flores G.E. (2020): Dietary Habits of 2- to 9-Year-Old American Children Are Associated with Gut Microbiome

Composition. In: Journal of the Academy of Nutrition and Dietetics 120 (4), S. 517–534. DOI: https://doi.org/10.1016/j.jand.2019.07.024.

Higashi T.; Watanabe S.; Tomaru K.; Yamazaki W.; Yoshizawa K.; Ogawa S.; Nagao H.; Minato K.; Maekawa M.; Mano N. (2017): Unconjugated bile acids in rat brain: Analytical method based on LC/ESI-MS/MS with chemical derivatization and estimation of their origin by comparison to serum levels. In: Steroids 125, S. 107–113. DOI: https://doi.org/10.1016/j.steroids.2017.07.001.

Ho P.P.; Steinman L. (2016): Obeticholic acid, a synthetic bile acid agonist of the farnesoid X receptor, attenuates experimental autoimmune encephalomyelitis. In: PNAS 113 (6), S. 1600–1605. DOI: https://doi.org/10.1073/pnas.1524890113.

Hohlfeld R. (2021): Correcting gut dysbiosis can ameliorate inflammation and promote remyelination in multiple sclerosis – Commentary. In: Multiple sclerosis 27 (8), S. 1164–1165. DOI: https://doi.org/10.1177/13524585211018990.

Holstiege Jakob; Steffen Annika; Goffrier Benjamin; Bätzing Jörg (2017): Epidemiologie der Multiplen Sklerose – Eine populationsbasierte deutschlandweite Studie. Zentralinstitut für die kassenärztliche Versorgung in Deutschland. Online verfügbar unter: https://www.versorgungsatlas.de/themen/alle-analysen-nach-datum-sortiert/?tab=6&uid=86, zuletzt geprüft am 25.04.2022.

Hou J.; Dodd K.; Nair V.A.; Rajan S.; Beniwal-Patel P.; Saha S.; Prabhakaran V. (2020): Alterations in brain white matter microstructural properties in patients with Crohn's disease in remission. In: Scientific reports 10 (1), 2145. DOI: https://doi.org/10.1038/s41598-020-59098-w.

Hoyles L.; Snelling T.; Umlai U.-K.; Nicholson J.K.; Carding S.R.; Glen R.C.; McArthur S. (2018): Microbiome-host systems interactions: protective effects of propionate upon the blood-brain barrier. In: Microbiome 6 (1), 55. DOI: https://doi.org/10.1186/s40168-018-0439-y.

Hsu P.; Santner-Nanan B.; Hu M.; Skarratt K.; Lee C.H.; Stormon M.; Wong M.; Fuller S.J.; Nanan R. (2015): IL-10 Potentiates Differentiation of Human Induced Regulatory T Cells via STAT3 and Foxo1. In: Journal of immunology 195 (8), S. 3665–3674. DOI: https://doi.org/10.4049/jimmunol.1402898.

Hu Y.; Wang Z.; Pan S.; Zhang H.; Fang M.; Jiang H.; Zhang H.; Gao Z.; Xu K.; Li Z.; Xiao J.; Lin Z. (2017): Melatonin protects against blood-brain barrier damage by inhibiting the TLR4/ NF-κB signaling pathway after LPS treatment in neonatal rats. In: Oncotarget 8 (19), S. 31638–31654. DOI: https://doi.org/10.18632/oncotarget.15780.

Huang F.; Wu X. (2021): Brain Neurotransmitter Modulation by Gut Microbiota in Anxiety and Depression. In: Frontiers in cell and developmental biology 9, 649103. DOI: https://doi.org/10.3389/fcell.2021.649103.

Huang Y.; Tang J.; Cai Z.; Zhou K.; Chang L.; Bai Y.; Ma Y. (2020): Prevotella Induces the Production of Th17 Cells in the Colon of Mice. In: Journal of immunology research 2020, 9607328. DOI: https://doi.org/10.1155/2020/9607328.

Hucke S.; Herold M.; Liebmann M.; Freise N.; Lindner M.; Fleck A.-K.; Zenker S.; Thiebes S.; Fernandez-Orth J.; Buck D.; Luessi F.; Meuth S.G.; Zipp F.; Hemmer B.; Engel D.R.; Roth J.; Kuhlmann T.; Wiendl H.; Klotz L. (2016): The farnesoid-X-receptor in myeloid cells controls CNS autoimmunity in an IL-10-dependent fashion. In: Acta neuropathologica 132 (3), S. 413–431. DOI: https://doi.org/10.1007/s00401-016-1593-6.

Huitinga I.; Erkut Z.A.; van Beurden D.; Swaab D.F. (2004): Impaired hypothalamus-pituitary-adrenal axis activity and more severe multiple sclerosis with hypothalamic lesions. In: Annals of neurology 55 (1), S. 37–45. DOI: https://doi.org/10.1002/ana.10766.

Ilchmann-Diounou H.; Menard S. (2020): Psychological Stress, Intestinal Barrier Dysfunctions, and Autoimmune Disorders: An Overview. In: Frontiers in immunology 11, 1823. DOI: https://doi.org/10.3389/fimmu.2020.01823.

Iljazovic A.; Amend L.; Galvez E.J.C.; Oliveira R. de; Strowig T. (2021): Modulation of inflammatory responses by gastrointestinal Prevotella spp. – From associations to functional studies. In: International journal of medical microbiology 311 (2), 151472. DOI: https://doi.org/10.1016/j.ijmm.2021.151472.

Inojosa H.; Proschmann U.; Akgün K.; Ziemssen T. (2021): A focus on secondary progressive multiple sclerosis (SPMS): challenges in diagnosis and definition. In: Journal of neurology 268 (4), S. 1210–1221. DOI: https://doi.org/10.1007/s00415-019-09489-5.

Ismailova K.; Poudel P.; Parlesak A.; Frederiksen P.; Heitmann B.L. (2019): Vitamin D in early life and later risk of multiple sclerosis – A systematic review, meta-analysis. In: PloS one 14 (8), e0221645. DOI: https://doi.org/10.1371/journal.pone.0221645.

Ivanov I.I.; Atarashi K.; Manel N.; Brodie E.L.; Shima T.; Karaoz U.; Wei D.; Goldfarb K.C.; Santee C.A.; Lynch S.V.; Tanoue T.; Imaoka A.; Itoh K.; Takeda K.; Umesaki Y.; Honda K.; Littman D.R. (2009): Induction of intestinal Th17 cells by segmented filamentous bacteria. In: Cell 139 (3), S. 485–498. DOI: https://doi.org/10.1016/j.cell.2009.09.033.

Ivanov I.I.; Frutos R.d.L.; Manel N.; Yoshinaga K.; Rifkin D.B.; Sartor R.B.; Finlay B.B.; Littman D.R. (2008): Specific microbiota direct the differentiation of IL-17-producing T-helper cells in the mucosa of the small intestine. In: Cell host & microbe 4 (4), S. 337–349. DOI: https://doi.org/10.1016/j.chom.2008.09.009.

Jakimovski D.; Guan Y.; Ramanathan M.; Weinstock-Guttman B.; Zivadinov R. (2019): Lifestyle-based modifiable risk factors in multiple sclerosis: review of experimental and clinical findings. In: Neurodegenerative disease management 9 (3), S. 149–172. DOI: https://doi.org/10.2217/nmt-2018-0046.

Jangi S.; Gandhi R.; Cox L.M.; Li N.; Glehn F. von; Yan R.; Patel B.; Mazzola M.A.; Liu S.; Glanz B.L.; Cook S.; Tankou S.; Stuart F.; Melo K.; Nejad P.; Smith K.; Topçuolu B.D.; Holden J.; Kivisäkk P.; Chitnis T.; Jager P.L. de; Quintana F.J.; Gerber G.K.; Bry L.; Weiner H.L. (2016): Alterations of the human gut microbiome in multiple sclerosis. In: Nature communications 7, 12015. DOI: https://doi.org/10.1038/ncomms12015.

Jensen S.N.; Cady N.M.; Shahi S.K.; Peterson S.R.; Gupta A.; Gibson-Corley K.N.; Mangalam A.K. (2021): Isoflavone diet ameliorates experimental autoimmune encephalomyelitis through modulation of gut bacteria depleted in patients with multiple sclerosis. In: Science advances 7 (28). DOI: https://doi.org/10.1126/sciadv.abd4595.

Jiao Y.; Wu L.; Huntington N.D.; Zhang X. (2020): Crosstalk Between Gut Microbiota and Innate Immunity and Its Implication in Autoimmune Diseases. In: Frontiers in immunology 11, 282. DOI: https://doi.org/10.3389/fimmu.2020.00282.

Jie Z.; Ko C.-J.; Wang H.; Xie X.; Li Y.; Gu M.; Zhu L.; Yang J.-Y.; Gao T.; Ru W.; Tang S.-J.; Cheng X.; Sun S.-C. (2021): Microglia promote autoimmune inflammation via the noncanonical NF-κB pathway. In: Science advances 7 (36), eabh0609. DOI: https://doi.org/10.1126/sciadv.abh0609.

Jin B.; Zhang C.; Geng Y.; Liu M. (2020): Therapeutic Effect of Ginsenoside Rd on Experimental Autoimmune Encephalomyelitis Model Mice: Regulation of Inflammation and

Treg/Th17 Cell Balance. In: Mediators of inflammation 2020, 8827527. DOI: https://doi. org/10.1155/2020/8827527.

Johanson D.M.; Goertz J.E.; Marin I.A.; Costello J.; Overall C.C.; Gaultier A. (2020): Experimental autoimmune encephalomyelitis is associated with changes of the microbiota composition in the gastrointestinal tract. In: Scientific reports 10 (1), 15183. DOI: https://doi.org/10.1038/s41598-020-72197-y.

Jonas P. (2019): Aktionspotenzial: Fortleitung im Axon. In: Ralf Brandes, Florian Lang und Robert F. Schmidt (Hg.): Physiologie des Menschen. 32. Auflage. Berlin, Heidelberg: Springer Berlin Heidelberg (Springer-Lehrbuch), S. 72–82.

Joo S.S.; Won T.J.; Lee D.I. (2004): Potential role of ursodeoxycholic acid in suppression of nuclear factor kappa B in microglial cell line (BV-2). In: Archives of pharmacal research 27 (9), S. 954–960. DOI: https://doi.org/10.1007/BF02975850.

Jovel J.; Patterson J.; Wang W.; Hotte N.; O'Keefe S.; Mitchel T.; Perry T.; Kao D.; Mason A.L.; Madsen K.L.; Wong G.K.-S. (2016): Characterization of the Gut Microbiome Using 16S or Shotgun Metagenomics. In: Frontiers in microbiology 7, 459. DOI: https://doi.org/10.3389/fmicb.2016.00459.

Juricek L.; Coumoul X. (2018): The Aryl Hydrocarbon Receptor and the Nervous System. In: International journal of molecular sciences 19 (9). DOI: https://doi.org/10.3390/ijms19092504.

Kadowaki A.; Quintana F.J. (2020): The Gut-CNS Axis in Multiple Sclerosis. In: Trends in neurosciences 43 (8), S. 622–634. DOI: https://doi.org/10.1016/j.tins.2020.06.002.

Kaelberer M.M.; Buchanan K.L.; Klein M.E.; Barth B.B.; Montoya M.M.; Shen X.; Bohórquez D.V. (2018): A gut-brain neural circuit for nutrient sensory transduction. In: Science 361 (6408). DOI: https://doi.org/10.1126/science.aat5236.

Kaelberer M.M.; Rupprecht L.E.; Liu W.W.; Weng P.; Bohórquez D.V. (2020): Neuropod Cells: The Emerging Biology of Gut-Brain Sensory Transduction. In: Annual review of neuroscience 43, S. 337–353. DOI: https://doi.org/10.1146/annurev-neuro-091619-022657.

Kaisar M.M.M.; Pelgrom L.R.; van der Ham A.J.; Yazdanbakhsh M.; Everts B. (2017): Butyrate Conditions Human Dendritic Cells to Prime Type 1 Regulatory T Cells via both Histone Deacetylase Inhibition and G Protein-Coupled Receptor 109A Signaling. In: Frontiers in immunology 8, 1429. DOI: https://doi.org/10.3389/fimmu.2017.01429.

Kashiwagi I.; Morita R.; Schichita T.; Komai K.; Saeki K.; Matsumoto M.; Takeda K.; Nomura M.; Hayashi A.; Kanai T.; Yoshimura A. (2015): Smad2 and Smad3 Inversely Regulate TGF-β Autoinduction in Clostridium butyricum-Activated Dendritic Cells. In: Immunity 43 (1), S. 65–79. DOI: https://doi.org/10.1016/j.immuni.2015.06.010.

Katz Sand I.; Zhu Y.; Ntranos A.; Clemente J.C.; Cekanaviciute E.; Brandstadter R.; Crabtree-Hartman E.; Singh S.; Bencosme Y.; Debelius J.; Knight R.; Cree B.A.C.; Baranzini S.E.; Casaccia P. (2019): Disease-modifying therapies alter gut microbial composition in MS. In: Neurology – Neuroimmunology & Neuroinflammation 6 (1), e517. DOI: https://doi.org/10.1212/NXI.0000000000000517.

Kaur H.; Bose C.; Mande S.S. (2019): Tryptophan Metabolism by Gut Microbiome and Gut-Brain-Axis: An in silico Analysis. In: Frontiers in neuroscience 13, S. 1365. DOI: https://doi.org/10.3389/fnins.2019.01365.

Keitel V.; Görg B.; Bidmon H.J.; Zemtsova I.; Spomer L.; Zilles K.; Häussinger D. (2010): The bile acid receptor TGR5 (Gpbar-1) acts as a neurosteroid receptor in brain. In: Glia 58 (15), S. 1794–1805. DOI: https://doi.org/10.1002/glia.21049.

Khan I.; Ullah N.; Zha L.; Bai Y.; Khan A.; Zhao T.; Che T.; Zhang C. (2019): Alteration of Gut Microbiota in Inflammatory Bowel Disease (IBD): Cause or Consequence? IBD Treatment Targeting the Gut Microbiome. In: Pathogens 8 (3), 126. DOI: https://doi.org/10.3390/pathogens8030126.

Kho Z.Y.; Lal S.K. (2018): The Human Gut Microbiome – A Potential Controller of Wellness and Disease. In: Frontiers in microbiology 9, 1835. DOI: https://doi.org/10.3389/fmicb.2018.01835.

Kibbie J.J.; Dillon S.M.; Thompson T.A.; Purba C.M.; McCarter M.D.; Wilson C.C. (2021): Butyrate directly decreases human gut lamina propria CD4 T cell function through histone deacetylase (HDAC) inhibition and GPR43 signaling. In: Immunobiology 226 (5), 152126. DOI: https://doi.org/10.1016/j.imbio.2021.152126.

Kim M.; Kim C.H. (2017): Regulation of humoral immunity by gut microbial products. In: Gut microbes 8 (4), S. 392–399. DOI: https://doi.org/10.1080/19490976.2017.1299311.

Kip M.; Zimmermann A. (2016): Krankheitsbild Multiple Sklerose. In: M. Kip, T. Schönfelder und H.-H. Bleß (Hg.): Weißbuch Multiple Sklerose. 1. Auflage. Berlin, Heidelberg: Springer Berlin Heidelberg, S. 1–12.

Kip M.; Zimmermann A.; Bleß H.-H. (2016): Epidemiologie der Multiplen Sklerose. In: M. Kip, T. Schönfelder und H.-H. Bleß (Hg.): Weißbuch Multiple Sklerose. 1. Auflage. Berlin, Heidelberg: Springer Berlin Heidelberg, S. 13–21.

Kister I.; Bacon T.E.; Chamot E.; Salter A.R.; Cutter G.R.; Kalina J.T.; Herbert J. (2013): Natural history of multiple sclerosis symptoms. In: International journal of MS care 15 (3), S. 146–158. DOI: https://doi.org/10.7224/1537-2073.2012-053.

Kleinschnitz C.; Meuth S.G.; Kieseier B.C.; Wiendl H. (2007): Multiple-Sklerose-Update zur Pathophysiologie und neuen immuntherapeutischen Ansätzen. In: Der Nervenarzt 78 (8), S. 883–911. DOI: https://doi.org/10.1007/s00115-007-2261-9.

Kohl H. (2021): Investigating the protective effects of intestinal GABA[subscript A] receptor activation on an animal model of Multiple Sclerosis. EWU Masters Thesis Collection (692). Online verfügbar unter: https://dc.ewu.edu/theses/692/, zuletzt geprüft am 26.04.2022.

Kohl H.M.; Castillo A.R.; Ochoa-Repáraz J. (2020): The Microbiome as a Therapeutic Target for Multiple Sclerosis: Can Genetically Engineered Probiotics Treat the Disease? In: Diseases 8 (3), 33. DOI: https://doi.org/10.3390/diseases8030033.

Kosmidou M.; Katsanos A.H.; Katsanos K.H.; Kyritsis A.P.; Tsivgoulis G.; Christodoulou D.; Giannopoulos S. (2017): Multiple sclerosis and inflammatory bowel diseases: a systematic review and meta-analysis. In: Journal of neurology 264 (2), S. 254–259. DOI: https://doi.org/10.1007/s00415-016-8340-8.

Kouchaki E.; Tamtaji O.R.; Salami M.; Bahmani F.; Daneshvar Kakhaki R.; Akbari E.; Tajabadi-Ebrahimi M.; Jafari P.; Asemi Z. (2017): Clinical and metabolic response to probiotic supplementation in patients with multiple sclerosis: A randomized, double-blind, placebo-controlled trial. In: Clinical nutrition 36 (5), S. 1245–1249. DOI: https://doi.org/10.1016/j.clnu.2016.08.015.

Kozhieva M.; Naumova N.; Alikina T.; Boyko A.; Vlassov V.; Kabilov M.R. (2019): Primary progressive multiple sclerosis in a Russian cohort: relationship with gut bacterial diversity. In: BMC microbiology 19 (1), 309. DOI: https://doi.org/10.1186/s12866-019-1685-2.

Kuerten S.; Lanz T.V.; Lingampalli N.; Lahey L.J.; Kleinschnitz C.; Mäurer M.; Schroeter M.; Braune S.; Ziemssen T.; Ho P.P.; Robinson W.H.; Steinman L. (2020): Autoantibodies against central nervous system antigens in a subset of B cell-dominant multiple sclerosis patients. In: PNAS 117 (35), S. 21512–21518. DOI: https://doi.org/10.1073/pnas.2011249117.

Kumar D.; Mukherjee S.S.; Chakraborty R.; Roy R.R.; Pandey A.; Patra S.; Dey S. (2021): The emerging role of gut microbiota in cardiovascular diseases. In: Indian heart journal 73 (3), S. 264–272. DOI: https://doi.org/10.1016/j.ihj.2021.04.008.

Kwon H.-K.; Kim G.-C.; Kim Y.; Hwang W.; Jash A.; Sahoo A.; Kim J.-E.; Nam J.H.; Im S.-H. (2013): Amelioration of experimental autoimmune encephalomyelitis by probiotic mixture is mediated by a shift in T helper cell immune response. In: Clinical immunology 146 (3), S. 217–227. DOI: https://doi.org/10.1016/j.clim.2013.01.001.

Lajczak-McGinley N.K.; Porru E.; Fallon C.M.; Smyth J.; Curley C.; McCarron P.A.; Tambuwala M.M.; Roda A.; Keely S.J. (2020): The secondary bile acids, ursodeoxycholic acid and lithocholic acid, protect against intestinal inflammation by inhibition of epithelial apoptosis. In: Physiological reports 8 (12), e14456. DOI: https://doi.org/10.14814/phy2.14456.

Larraufie P.; Martin-Gallausiaux C.; Lapaque N.; Dore J.; Gribble F.M.; Reimann F.; Blottiere H.M. (2018): SCFAs strongly stimulate PYY production in human enteroendocrine cells. In: Scientific reports 8 (1), 74. DOI: https://doi.org/10.1038/s41598-017-18259-0.

Larsen J.M. (2017): The immune response to Prevotella bacteria in chronic inflammatory disease. In: Immunology 151 (4), S. 363–374. DOI: https://doi.org/10.1111/imm.12760.

Lavasani S.; Dzhambazov B.; Nouri M.; Fåk F.; Buske S.; Molin G.; Thorlacius H.; Alenfall J.; Jeppsson B.; Weström B. (2010): A novel probiotic mixture exerts a therapeutic effect on experimental autoimmune encephalomyelitis mediated by IL-10 producing regulatory T cells. In: PLoS one 5 (2), e9009. DOI: https://doi.org/10.1371/journal.pone.0009009.

Lee Y.K.; Menezes J.S.; Umesaki Y.; Mazmanian S.K. (2011): Proinflammatory T-cell responses to gut microbiota promote experimental autoimmune encephalomyelitis. In: PNAS 108 Suppl 1, S. 4615–4622. DOI: https://doi.org/10.1073/pnas.1000082107.

Leeming E.R.; Johnson A.J.; Spector T.D.; Le Roy C.I. (2019): Effect of Diet on the Gut Microbiota: Rethinking Intervention Duration. In: Nutrients 11 (12), 2862. DOI: https://doi.org/10.3390/nu11122862.

Lenoir M.; Martín R.; Torres-Maravilla E.; Chadi S.; González-Dávila P.; Sokol H.; Langella P.; Chain F.; Bermúdez-Humarán L.G. (2020): Butyrate mediates anti-inflammatory effects of Faecalibacterium prausnitzii in intestinal epithelial cells through Dact3. In: Gut microbes 12 (1), S. 1–16. DOI: https://doi.org/10.1080/19490976.2020.1826748.

Leray E.; Vukusic S.; Debouverie M.; Clanet M.; Brochet B.; Sèze J. de; Zéphir H.; Defer G.; Lebrun-Frenay C.; Moreau T.; Clavelou P.; Pelletier J.; Berger E.; Cabre P.; Camdessanché J.-P.; Kalson-Ray S.; Confavreux C.; Edan G. (2015): Excess Mortality in Patients with Multiple Sclerosis Starts at 20 Years from Clinical Onset: Data from a Large-Scale French Observational Study. In: PLoS one 10 (7), e0132033. DOI: https://doi.org/10.1371/journal.pone.0132033.

Lewis N.D.; Patnaude L.A.; Pelletier J.; Souza D.J.; Lukas S.M.; King F.J.; Hill J.D.; Stefanopoulos D.E.; Ryan K.; Desai S.; Skow D.; Kauschke S.G.; Broermann A.; Kuzmich

D.; Harcken C.; Hickey E.R.; Modis L.K. (2014): A GPBAR1 (TGR5) small molecule agonist shows specific inhibitory effects on myeloid cell activation in vitro and reduces experimental autoimmune encephalitis (EAE) in vivo. In: PloS one 9 (6), e100883. DOI: https://doi.org/10.1371/journal.pone.0100883.

Li D.; Gao C.; Zhang F.; Yang R.; Lan C.; Ma Y.; Wang J. (2020): Seven facts and five initiatives for gut microbiome research. In: Protein & cell 11 (6), S. 391–400. DOI: https://doi.org/10.1007/s13238-020-00697-8.

Li K.; Wei S.; Hu L.; Yin X.; Mai Y.; Jiang C.; Peng X.; Cao X.; Huang Z.; Zhou H.; Ma G.; Liu Z.; Li H.; Zhao B. (2020): Protection of Fecal Microbiota Transplantation in a Mouse Model of Multiple Sclerosis. In: Mediators of inflammation 2020, 2058272. DOI: https://doi.org/10.1155/2020/2058272.

Liddelow S.A.; Guttenplan K.A.; Clarke L.E.; Bennett F.C.; Bohlen C.J.; Schirmer L.; Bennett M.L.; Münch A.E.; Chung W.-S.; Peterson T.C.; Wilton D.K.; Frouin A.; Napier B.A.; Panicker N.; Kumar M.; Buckwalter M.S.; Rowitch D.H.; Dawson V.L.; Dawson T.M.; Stevens B.; Barres B.A. (2017): Neurotoxic reactive astrocytes are induced by activated microglia. In: Nature 541 (7638), S. 481–487. DOI: https://doi.org/10.1038/nature21029.

Liddle R.A. (2019): Neuropods. In: Cellular and molecular gastroenterology and hepatology 7 (4), S. 739–747. DOI: https://doi.org/10.1016/j.jcmgh.2019.01.006.

Lim C.K.; Bilgin A.; Lovejoy D.B.; Tan V.; Bustamante S.; Taylor B.V.; Bessede A.; Brew B.J.; Guillemin G.J. (2017): Kynurenine pathway metabolomics predicts and provides mechanistic insight into multiple sclerosis progression. In: Scientific reports 7, 41473. DOI: https://doi.org/10.1038/srep41473.

Liu J.; Li H.; Gong T.; Chen W.; Mao S.; Kong Y.; Yu J.; Sun J. (2020): Anti-neuroinflammatory Effect of Short-Chain Fatty Acid Acetate against Alzheimer's Disease via Upregulating GPR41 and Inhibiting ERK/JNK/NF-κB. In: Journal of agricultural and food chemistry 68 (27), S. 7152–7161. DOI: https://doi.org/10.1021/acs.jafc.0c02807.

Lo B.C.; Chen G.Y.; Núñez G.; Caruso R. (2021): Gut microbiota and systemic immunity in health and disease. In: International immunology 33 (4), S. 197–209. DOI: https://doi.org/10.1093/intimm/dxaa079.

Lockyer S.; Spiro A.; Stanner S. (2016): Dietary fibre and the prevention of chronic disease – should health professionals be doing more to raise awareness? In: Nutr Bull 41 (3), S. 214–231. DOI: https://doi.org/10.1111/nbu.12212.

Logsdon A.F.; Erickson M.A.; Rhea E.M.; Salameh T.S.; Banks W.A. (2018): Gut reactions: How the blood-brain barrier connects the microbiome and the brain. In: Experimental biology and medicine 243 (2), S. 159–165. DOI: https://doi.org/10.1177/1535370217743766.

Lu Y.; Chong J.; Shen S.; Chammas J.-B.; Chalifour L.; Xia J. (2022): TrpNet: Understanding Tryptophan Metabolism across Gut Microbiome. In: Metabolites 12 (1), 10. DOI: https://doi.org/10.3390/metabo12010010.

Lucas R.M.; Byrne S.N.; Correale J.; Ilschner S.; Hart P.H. (2015): Ultraviolet radiation, vitamin D and multiple sclerosis. In: Neurodegenerative disease management 5 (5), S. 413–424. DOI: https://doi.org/10.2217/nmt.15.33.

Lukas D.; Yogev N.; Kel J.M.; Regen T.; Mufazalov I.A.; Tang Y.; Wanke F.; Reizis B.; Müller W.; Kurschus F.C.; Prinz M.; Kleiter I.; Clausen B.E.; Waisman A. (2017): TGF-β inhibitor Smad7 regulates dendritic cell-induced autoimmunity. In: PNAS 114 (8), E1480-E1489. DOI: https://doi.org/10.1073/pnas.1615065114.

Ma J.; Li Z.; Zhang W.; Zhang C.; Zhang Y.; Mei H.; Zhuo N.; Wang H.; Wang L.; Wu D. (2020): Comparison of gut microbiota in exclusively breast-fed and formula-fed babies: a study of 91 term infants. In: Scientific reports 10 (1), 15792. DOI: https://doi.org/10.1038/s41598-020-72635-x.

Magne F.; Gotteland M.; Gauthier L.; Zazueta A.; Pesoa S.; Navarrete P.; Balamurugan R. (2020): The Firmicutes/Bacteroidetes Ratio: A Relevant Marker of Gut Dysbiosis in Obese Patients? In: Nutrients 12 (5), 1474. DOI: https://doi.org/10.3390/nu12051474.

Makkawi S.; Camara-Lemarroy C.; Metz L. (2018): Fecal microbiota transplantation associated with 10 years of stability in a patient with SPMS. In: Neurology – Neuroimmunology & Neuroinflammation 5 (4), e459. DOI: https://doi.org/10.1212/NXI.0000000000000459.

Malinova T.S.; Dijkstra C.D.; Vries H.E. de (2018): Serotonin: A mediator of the gut-brain axis in multiple sclerosis. In: Multiple sclerosis 24 (9), S. 1144–1150. DOI: https://doi.org/10.1177/1352458517739975.

Mangalam A.; Shahi S.K.; Luckey D.; Karau M.; Marietta E.; Luo N.; Choung R.S.; Ju J.; Sompallae R.; Gibson-Corley K.; Patel R.; Rodriguez M.; David C.; Taneja V.; Murray J. (2017): Human Gut-Derived Commensal Bacteria Suppress CNS Inflammatory and Demyelinating Disease. In: Cell reports 20 (6), S. 1269–1277. DOI: https://doi.org/10.1016/j.celrep.2017.07.031.

Marchetti L.; Engelhardt B. (2020): Immune cell trafficking across the blood-brain barrier in the absence and presence of neuroinflammation. In: Vascular biology 2 (1), H1-H18. DOI: https://doi.org/10.1530/VB-19-0033.

Martin C.R.; Osadchiy V.; Kalani A.; Mayer E.A. (2018): The Brain-Gut-Microbiome Axis. In: Cellular and molecular gastroenterology and hepatology 6 (2), S. 133–148. DOI: https://doi.org/10.1016/j.jcmgh.2018.04.003.

Martinez J.E.; Kahana D.D.; Ghuman S.; Wilson H.P.; Wilson J.; Kim S.C.J.; Lagishetty V.; Jacobs J.P.; Sinha-Hikim A.P.; Friedman T.C. (2021): Unhealthy Lifestyle and Gut Dysbiosis: A Better Understanding of the Effects of Poor Diet and Nicotine on the Intestinal Microbiome. In: Frontiers in endocrinology 12, 667066. DOI: https://doi.org/10.3389/fendo.2021.667066.

Matsushita T.; Yanaba K.; Bouaziz J.-D.; Fujimoto M.; Tedder T.F. (2008): Regulatory B cells inhibit EAE initiation in mice while other B cells promote disease progression. In: The Journal of clinical investigation 118 (10), S. 3420–3430. DOI: https://doi.org/10.1172/JCI36030.

Mayer E.A.; Tillisch K.; Gupta A. (2015): Gut/brain axis and the microbiota. In: The Journal of clinical investigation 125 (3), S. 926–938. DOI: https://doi.org/10.1172/JCI76304.

Mazdeh M.; Mobaien A.R. (2012): Efficacy of doxycycline as add-on to interferon beta-1a in treatment of multiple sclerosis. In: Iranian Journal of Neurology 11 (2), S. 70–73.

McLoughlin R.F.; Berthon B.S.; Jensen M.E.; Baines K.J.; Wood L.G. (2017): Short-chain fatty acids, prebiotics, synbiotics, and systemic inflammation: a systematic review and meta-analysis. In: The American journal of clinical nutrition 106 (3), S. 930–945. DOI: https://doi.org/10.3945/ajcn.117.156265.

McMillin M.; Frampton G.; Tobin R.; Dusio G.; Smith J.; Shin H.; Newell-Rogers K.; Grant S.; DeMorrow S. (2015): TGR5 signaling reduces neuroinflammation during hepatic encephalopathy. In: Journal of neurochemistry 135 (3), S. 565–576. DOI: https://doi.org/10.1111/jnc.13243.

McMurran C.E.; La Guzman de Fuente A.; Penalva R.; Ben Menachem-Zidon O.; Dombrowski Y.; Falconer J.; Gonzalez G.A.; Zhao C.; Krause F.N.; Young A.M.H.; Griffin J.L.; Jones C.A.; Hollins C.; Heimesaat M.M.; Fitzgerald D.C.; Franklin R.J.M. (2019): The microbiota regulates murine inflammatory responses to toxin-induced CNS demyelination but has minimal impact on remyelination. In: PNAS 116 (50), S. 25311–25321. DOI: https://doi.org/10.1073/pnas.1905787116.

Mei H.E.; Frölich D.; Giesecke C.; Loddenkemper C.; Reiter K.; Schmidt S.; Feist E.; Daridon C.; Tony H.-P.; Radbruch A.; Dörner T. (2010): Steady-state generation of mucosal IgA+ plasmablasts is not abrogated by B-cell depletion therapy with rituximab. In: Blood 116 (24), S. 5181–5190. DOI: https://doi.org/10.1182/blood-2010-01-266536.

Melander R.J.; Zurawski D.V.; Melander C. (2018): Narrow-Spectrum Antibacterial Agents. In: MedChemComm 9, S. 12–21. DOI: https://doi.org/10.1039/c7md00528h.

Melief J.; Wit S.J. de; van Eden C.G.; Teunissen C.; Hamann J.; Uitdehaag B.M.; Swaab D.; Huitinga I. (2013): HPA axis activity in multiple sclerosis correlates with disease severity, lesion type and gene expression in normal-appearing white matter. In: Acta neuropathologica 126 (2), S. 237–249. DOI: https://doi.org/10.1007/s00401-013-1140-7.

Melzer N.; Meuth S.G.; Torres-Salazar D.; Bittner S.; Zozulya A.L.; Weidenfeller C.; Kotsiari A.; Stangel M.; Fahlke C.; Wiendl H. (2008): A beta-lactam antibiotic dampens excitotoxic inflammatory CNS damage in a mouse model of multiple sclerosis. In: PloS one 3 (9), e3149. DOI: https://doi.org/10.1371/journal.pone.0003149.

Mestre L.; Carrillo-Salinas F.J.; Feliú A.; Mecha M.; Alonso G.; Espejo C.; Calvo-Barreiro L.; Luque-García J.L.; Estevez H.; Villar L.M.; Guaza C. (2020): How oral probiotics affect the severity of an experimental model of progressive multiple sclerosis? Bringing commensal bacteria into the neurodegenerative process. In: Gut microbes 12 (1), 1813532. DOI: https://doi.org/10.1080/19490976.2020.1813532.

Mestre L.; Carrillo-Salinas F.J.; Mecha M.; Feliú A.; Espejo C.; Álvarez-Cermeño J.C.; Villar L.M.; Guaza C. (2019): Manipulation of Gut Microbiota Influences Immune Responses, Axon Preservation, and Motor Disability in a Model of Progressive Multiple Sclerosis. In: Frontiers in immunology 10, 1374. DOI: https://doi.org/10.3389/fimmu.2019.01374.

Metz L.M.; Li D.K.B.; Traboulsee A.L.; Duquette P.; Eliasziw M.; Cerchiaro G.; Greenfield J.; Riddehough A.; Yeung M.; Kremenchutzky M.; Vorobeychik G.; Freedman M.S.; Bhan V.; Blevins G.; Marriott J.J.; Grand'Maison F.; Lee L.; Thibault M.; Hill M.D.; Yong V.W. (2017): Trial of Minocycline in a Clinically Isolated Syndrome of Multiple Sclerosis. In: The New England journal of medicine 376 (22), S. 2122–2133. DOI: https://doi.org/10.1056/NEJMoa1608889.

Metz L.M.; Li D.; Traboulsee A.; Myles M.L.; Duquette P.; Godin J.; Constantin M.; Yong V.W. (2009): Glatiramer acetate in combination with minocycline in patients with relapsing--remitting multiple sclerosis: results of a Canadian, multicenter, double-blind, placebo-controlled trial. In: Multiple sclerosis 15 (10), S. 1183–1194. DOI: https://doi.org/10.1177/1352458509106779.

Meyer-Moock S.; Feng Y.-S.; Maeurer M.; Dippel F.-W.; Kohlmann T. (2014): Systematic literature review and validity evaluation of the Expanded Disability Status Scale (EDSS) and the Multiple Sclerosis Functional Composite (MSFC) in patients with multiple sclerosis. In: BMC neurology 14, 58. DOI: https://doi.org/10.1186/1471-2377-14-58.

Mi Y.; Han J.; Zhu J.; Jin T. (2021): Role of the PD-1/PD-L1 Signaling in Multiple Sclerosis and Experimental Autoimmune Encephalomyelitis: Recent Insights and Future Directions. In: Molecular neurobiology 58, S. 6249-6271. DOI: https://doi.org/10.1007/s12035-021-02495-7.

Miedema A.; Wijering M.H.C.; Eggen B.J.L.; Kooistra S.M. (2020): High-Resolution Transcriptomic and Proteomic Profiling of Heterogeneity of Brain-Derived Microglia in Multiple Sclerosis. In: Frontiers in molecular neuroscience 13, 583811. DOI: https://doi.org/10.3389/fnmol.2020.583811.

Miljković Đ.; Jevtić B.; Stojanović I.; Dimitrijević M. (2021): ILC3, a Central Innate Immune Component of the Gut-Brain Axis in Multiple Sclerosis. In: Frontiers in immunology 12, 657622. DOI: https://doi.org/10.3389/fimmu.2021.657622.

Minagar A.; Alexander J.S.; Schwendimann R.N.; Kelley R.E.; Gonzalez-Toledo E.; Jimenez J.J.; Mauro L.; Jy W.; Smith S.J. (2008): Combination therapy with interferon beta-1a and doxycycline in multiple sclerosis: an open-label trial. In: Archives of neurology 65 (2), S. 199–204. DOI: https://doi.org/10.1001/archneurol.2007.41.

Mitsdoerffer M.; Lee Y.; Jäger A.; Kim H.-J.; Korn T.; Kolls J.K.; Cantor H.; Bettelli E.; Kuchroo V.K. (2010): Proinflammatory T helper type 17 cells are effective B-cell helpers. In: PNAS 107 (32), S. 14292–14297. DOI: https://doi.org/10.1073/pnas.1009234107.

Miyake S.; Kim S.; Suda W.; Oshima K.; Nakamura M.; Matsuoka T.; Chihara N.; Tomita A.; Sato W.; Kim S.-W.; Morita H.; Hattori M.; Yamamura T. (2015): Dysbiosis in the Gut Microbiota of Patients with Multiple Sclerosis, with a Striking Depletion of Species Belonging to Clostridia XIVa and IV Clusters. In: PloS one 10 (9), e0137429. DOI: https://doi.org/10.1371/journal.pone.0137429.

Miyauchi E.; Kim S.-W.; Suda W.; Kawasumi M.; Onawa S.; Taguchi-Atarashi N.; Morita H.; Taylor T.D.; Hattori M.; Ohno H. (2020): Gut microorganisms act together to exacerbate inflammation in spinal cords. In: Nature 585 (7823), S. 102–106. DOI: https://doi.org/10.1038/s41586-020-2634-9.

Mizuno M.; Noto D.; Kaga N.; Chiba A.; Miyake S. (2017): The dual role of short fatty acid chains in the pathogenesis of autoimmune disease models. In: PloS one 12 (2), e0173032. DOI: https://doi.org/10.1371/journal.pone.0173032.

MohanKumar K.; Namachivayam K.; Chapalamadugu K.C.; Garzon S.A.; Premkumar M.H.; Tipparaju S.M.; Maheshwari A. (2016): Smad7 interrupts TGF-β signaling in intestinal macrophages and promotes inflammatory activation of these cells during necrotizing enterocolitis. In: Pediatric research 79 (6), S. 951–961. DOI: https://doi.org/10.1038/pr.2016.18.

Montgomery T.L.; Künstner A.; Kennedy J.J.; Fang Q.; Asarian L.; Culp-Hill R.; D'Alessandro A.; Teuscher C.; Busch H.; Krementsov D.N. (2020): Interactions between host genetics and gut microbiota determine susceptibility to CNS autoimmunity. In: PNAS 117 (44), S. 27516–27527. DOI: https://doi.org/10.1073/pnas.2002817117.

Mörbe U.M.; Jørgensen P.B.; Fenton T.M.; Burg N. von; Riis L.B.; Spencer J.; Agace W.W. (2021): Human gut-associated lymphoid tissues (GALT); diversity, structure, and function. In: Mucosal immunology 14 (4), S. 793–802. DOI: https://doi.org/10.1038/s41385-021-00389-4.

Mortha A.; Chudnovskiy A.; Hashimoto D.; Bogunovic M.; Spencer S.P.; Belkaid Y.; Merad M. (2014): Microbiota-dependent crosstalk between macrophages and ILC3 promotes intestinal homeostasis. In: Science 343 (6178), 1249288. DOI: https://doi.org/10.1126/science.1249288.

Muhlert N.; Atzori M.; Vita E. de; Thomas D.L.; Samson R.S.; Wheeler-Kingshott C.A.M.; Geurts J.J.G.; Miller D.H.; Thompson A.J.; Ciccarelli O. (2014): Memory in multiple sclerosis is linked to glutamate concentration in grey matter regions. In: Journal of neurology, neurosurgery, and psychiatry 85 (8), S. 833–839. DOI: https://doi.org/10.1136/jnnp-2013-306662.

Müller T. (2017): „Benigne MS"— gibt es sie oder nicht? In: InFo Neurologie 19 (12), S. 58. DOI: https://doi.org/10.1007/s15005-017-2443-3.

Murphy K.; Weaver C. (2018): Die T-Zell-vermittelte Immunität. In: Kenneth Murphy und Casey Weaver (Hg.): Janeway Immunologie. 9. Auflage. Berlin, Heidelberg: Springer Berlin Heidelberg, S. 443–515.

Murray T.J. (2004): Multiple sclerosis. The history of a disease. 1. Auflage. New York: Demos Health.

Nagyoszi P.; Wilhelm I.; Farkas A.E.; Fazakas C.; Dung N.T.K.; Haskó J.; Krizbai I.A. (2010): Expression and regulation of toll-like receptors in cerebral endothelial cells. In: Neurochemistry international 57 (5), S. 556–564. DOI: https://doi.org/10.1016/j.neuint.2010.07.002.

National Academies of Sciences, Engineering, and Medicine (NASEM) (2018): Environmental Chemicals, the Human Microbiome, and Health Risk: A Research Strategy. Washington (DC): National Academies Press (US). Online verfügbar unter: https://nap.nationalacademies.org/catalog/24960/environmental-chemicals-the-human-microbiome-and-health-risk-a-research, zuletzt geprüft am 25.04.2022.

Nayfach S.; Páez-Espino D.; Call L.; Low S.J.; Sberro H.; Ivanova N.N.; Proal A.D.; Fischbach M.A.; Bhatt A.S.; Hugenholtz P.; Kyrpides N.C. (2021): Metagenomic compendium of 189,680 DNA viruses from the human gut microbiome. In: Nature microbiology 6 (7), S. 960–970. DOI: https://doi.org/10.1038/s41564-021-00928-6.

Nguyen T.L.A.; Vieira-Silva S.; Liston A.; Raes J. (2015): How informative is the mouse for human gut microbiota research? In: Disease models & mechanisms 8 (1), S. 1–16. DOI: https://doi.org/10.1242/dmm.017400.

Nie K.; Ma K.; Luo W.; Shen Z.; Yang Z.; Xiao M.; Tong T.; Yang Y.; Wang X. (2021): Roseburia intestinalis: A Beneficial Gut Organism From the Discoveries in Genus and Species. In: Frontiers in cellular and infection microbiology 11, 757718. DOI: https://doi.org/10.3389/fcimb.2021.757718.

Nijhuis L.; Peeters J.G.C.; Vastert S.J.; van Loosdregt J. (2019): Restoring T Cell Tolerance, Exploring the Potential of Histone Deacetylase Inhibitors for the Treatment of Juvenile Idiopathic Arthritis. In: Frontiers in immunology 10, 151. DOI: https://doi.org/10.3389/fimmu.2019.00151.

Norman J.M.; Handley S.A.; Baldridge M.T.; Droit L.; Liu C.Y.; Keller B.C.; Kambal A.; Monaco C.L.; Zhao G.; Fleshner P.; Stappenbeck T.S.; McGovern D.P.B.; Keshavarzian

A.; Mutlu E.A.; Sauk J.; Gevers D.; Xavier R.J.; Wang D.; Parkes M.; Virgin H.W. (2015): Disease-specific alterations in the enteric virome in inflammatory bowel disease. In: Cell 160 (3), S. 447–460. DOI: https://doi.org/10.1016/j.cell.2015.01.002.

Nourbakhsh B.; Bhargava P.; Tremlett H.; Hart J.; Graves J.; Waubant E. (2018): Altered tryptophan metabolism is associated with pediatric multiple sclerosis risk and course. In: Annals of clinical and translational neurology 5 (10), S. 1211–1221. DOI: https://doi.org/ 10.1002/acn3.637.

Nouri M.; Bredberg A.; Weström B.; Lavasani S. (2014): Intestinal barrier dysfunction develops at the onset of experimental autoimmune encephalomyelitis, and can be induced by adoptive transfer of auto-reactive T cells. In: PloS one 9 (9), e106335. DOI: https://doi. org/10.1371/journal.pone.0106335.

N-TV (2017): Studie: Darmflora kann MS auslösen. Online verfügbar unter: https://www. n-tv.de/wissen/Studie-Darmflora-kann-MS-ausloesen-article20038275.html,   zuletzt geprüft am 25.04.2022.

Ochoa-Repáraz J.; Mielcarz D.W.; Ditrio L.E.; Burroughs A.R.; Foureau D.M.; Haque-Begum S.; Kasper L.H. (2009): Role of gut commensal microflora in the development of experimental autoimmune encephalomyelitis. In: Journal of immunology 183 (10), S. 6041–6050. DOI: https://doi.org/10.4049/jimmunol.0900747.

Ochoa-Repáraz J.; Mielcarz D.W.; Wang Y.; Begum-Haque S.; Dasgupta S.; Kasper D.L.; Kasper L.H. (2010): A polysaccharide from the human commensal Bacteroides fragilis protects against CNS demyelinating disease. In: Mucosal immunology 3 (5), S. 487–495. DOI: https://doi.org/10.1038/mi.2010.29.

Ömerhoca S.; Akkaş S.Y.; İçen N.K. (2018): Multiple Sclerosis: Diagnosis and Differential Diagnosis. In: Noro psikiyatri arsivi 55 (Suppl 1), S1-S9. DOI: https://doi.org/10.29399/ npa.23418.

Palmela I.; Correia L.; Silva R.F.M.; Sasaki H.; Kim K.S.; Brites D.; Brito M.A. (2015): Hydrophilic bile acids protect human blood-brain barrier endothelial cells from disruption by unconjugated bilirubin: an in vitro study. In: Frontiers in neuroscience 9, 80. DOI: https://doi.org/10.3389/fnins.2015.00080.

Pan P.; Oshima K.; Huang Y.-W.; Agle K.A.; Drobyski W.R.; Chen X.; Zhang J.; Yearsley M.M.; Yu J.; Wang L.-S. (2018): Loss of FFAR2 promotes colon cancer by epigenetic dysregulation of inflammation suppressors. In: International journal of cancer 143 (4), S. 886–896. DOI: https://doi.org/10.1002/ijc.31366.

Parada Venegas D.; La Fuente M.K. de; Landskron G.; González M.J.; Quera R.; Dijkstra G.; Harmsen H.J.M.; Faber K.N.; Hermoso M.A. (2019): Short Chain Fatty Acids (SCFAs)-Mediated Gut Epithelial and Immune Regulation and Its Relevance for Inflammatory Bowel Diseases. In: Frontiers in immunology 10, 277. DOI: https://doi.org/10.3389/ fimmu.2019.00277.

Park H.J.; Shin J.Y.; Kim H.N.; Oh S.H.; Song S.K.; Lee P.H. (2015): Mesenchymal stem cells stabilize the blood-brain barrier through regulation of astrocytes. In: Stem cell research & therapy 6, 187. DOI: https://doi.org/10.1186/s13287-015-0180-4.

Park J.; Wang Q.; Wu Q.; Mao-Draayer Y.; Kim C.H. (2019): Bidirectional regulatory potentials of short-chain fatty acids and their G-protein-coupled receptors in autoimmune neuroinflammation. In: Scientific reports 9 (1), 8837. DOI: https://doi.org/10.1038/s41598-019-45311-y.

Parnell G.P.; Booth D.R. (2017): The Multiple Sclerosis (MS) Genetic Risk Factors Indicate both Acquired and Innate Immune Cell Subsets Contribute to MS Pathogenesis and Identify Novel Therapeutic Opportunities. In: Frontiers in immunology 8, 425. DOI: https://doi.org/10.3389/fimmu.2017.00425.

Patsopoulos N.A. (2018): Genetics of Multiple Sclerosis: An Overview and New Directions. In: Cold Spring Harbor perspectives in medicine 8 (7), a028951. DOI: https://doi.org/10.1101/cshperspect.a028951.

Pautova A.; Khesina Z.; Getsina M.; Sobolev P.; Revelsky A.; Beloborodova N. (2020): Determination of Tryptophan Metabolites in Serum and Cerebrospinal Fluid Samples Using Microextraction by Packed Sorbent, Silylation and GC-MS Detection. In: Molecules 25 (14), 3258. DOI: https://doi.org/10.3390/molecules25143258.

Pecora F.; Persico F.; Gismondi P.; Fornaroli F.; Iuliano S.; de'Angelis G.L.; Esposito S. (2020): Gut Microbiota in Celiac Disease: Is There Any Role for Probiotics? In: Frontiers in immunology 11, 957. DOI: https://doi.org/10.3389/fimmu.2020.00957.

Pellens R.; Grandcolas P. (2016): Phylogenetics and Conservation Biology: Drawing a Path into the Diversity of Life. In: Roseli Pellens und Philippe Grandcolas (Hg.): Biodiversity Conservation and Phylogenetic Systematics. 1. Auflage. Cham: Springer International Publishing, S. 1–15.

Pellizoni F.P.; Leite A.Z.; Rodrigues N.d.C.; Ubaiz M.J.; Gonzaga M.I.; Takaoka N.N.C.; Mariano V.S.; Omori W.P.; Pinheiro D.G.; Matheucci Junior E.; Gomes E.; Oliveira G.L.V. de (2021): Detection of Dysbiosis and Increased Intestinal Permeability in Brazilian Patients with Relapsing-Remitting Multiple Sclerosis. In: International journal of environmental research and public health 18 (9), 4621. DOI: https://doi.org/10.3390/ijerph18094621.

Peter S. (2016): Mikrobiom und Metagenom – Präanalytik, DNA-Extraktion und Next-Generation-Sequencing aus Stuhlproben. In: Andreas Stallmach und Maria J.G.T. Vehreschild (Hg.): Mikrobiom. Wissensstand und Perspektiven. 1. Auflage. Berlin, Boston: De Gruyter.

Pierre K.; Pellerin L. (2005): Monocarboxylate transporters in the central nervous system: distribution, regulation and function. In: Journal of neurochemistry 94 (1), S. 1–14. DOI: https://doi.org/10.1111/j.1471-4159.2005.03168.x.

Pinart M.; Dötsch A.; Schlicht K.; Laudes M.; Bouwman J.; Forslund S.K.; Pischon T.; Nimptsch K. (2022): Gut Microbiome Composition in Obese and Non-Obese Persons: A Systematic Review and Meta-Analysis. In: Nutrients 14 (1), 12. DOI: https://doi.org/10.3390/nu14010012.

Podbielska M.; O'Keeffe J.; Pokryszko-Dragan A. (2021): New Insights into Multiple Sclerosis Mechanisms: Lipids on the Track to Control Inflammation and Neurodegeneration. In: International journal of molecular sciences 22 (14), 7319. DOI: https://doi.org/10.3390/ijms22147319.

Pröbstel A.-K.; Baranzini S.E. (2018): The Role of the Gut Microbiome in Multiple Sclerosis Risk and Progression: Towards Characterization of the "MS Microbiome". In: Neurotherapeutics : the journal of the American Society for Experimental NeuroTherapeutics 15 (1), S. 126–134. DOI: https://doi.org/10.1007/s13311-017-0587-y.

Pröbstel A.-K.; Zhou X.; Baumann R.; Wischnewski S.; Kutza M.; Rojas O.L.; Sellrie K.; Bischof A.; Kim K.; Ramesh A.; Dandekar R.; Greenfield A.L.; Schubert R.D.; Bisanz

J.E.; Vistnes S.; Khaleghi K.; Landefeld J.; Kirkish G.; Liesche-Starnecker F.; Ramaglia V.; Singh S.; Tran E.B.; Barba P.; Zorn K.; Oechtering J.; Forsberg K.; Shiow L.R.; Henry R.G.; Graves J.; Cree B.A.C.; Hauser S.L.; Kuhle J.; Gelfand J.M.; Andersen P.M.; Schlegel J.; Turnbaugh P.J.; Seeberger P.H.; Gommerman J.L.; Wilson M.R.; Schirmer L.; Baranzini S.E. (2020): Gut microbiota-specific IgA+ B cells traffic to the CNS in active multiple sclerosis. In: Science immunology 5 (53). DOI: https://doi.org/10.1126/sciimmunol.abc7191.

Qian X.; Xie R.; Liu X.; Chen S.; Tang H. (2021): Mechanisms of Short-Chain Fatty Acids Derived from Gut Microbiota in Alzheimer's Disease. In: Aging and Disease. DOI: https://doi.org/10.14336/AD.2021.1215.

Qian X.-B.; Chen T.; Xu Y.-P.; Chen L.; Sun F.-X.; Lu M.-P.; Liu Y.-X. (2020): A guide to human microbiome research: study design, sample collection, and bioinformatics analysis. In: Chinese medical journal 133 (15), S. 1844–1855. DOI: https://doi.org/10.1097/CM9.0000000000000871.

Quinn M.; McMillin M.; Galindo C.; Frampton G.; Pae H.Y.; DeMorrow S. (2014): Bile acids permeabilize the blood brain barrier after bile duct ligation in rats via Rac1-dependent mechanisms. In: Digestive and liver disease 46 (6), S. 527–534. DOI: https://doi.org/10.1016/j.dld.2014.01.159.

Qv L.; Mao S.; Li Y.; Zhang J.; Li L. (2021): Roles of Gut Bacteriophages in the Pathogenesis and Treatment of Inflammatory Bowel Disease. In: Frontiers in cellular and infection microbiology 11, 755650. DOI: https://doi.org/10.3389/fcimb.2021.755650.

Ragonnaud E.; Biragyn A. (2021): Gut microbiota as the key controllers of "healthy" aging of elderly people. In: Immunity & ageing 18 (1), 2. DOI: https://doi.org/10.1186/s12979-020-00213-w.

Rahimlou M.; Hosseini S.A.; Majdinasab N.; Haghighizadeh M.H.; Husain D. (2022): Effects of long-term administration of Multi-Strain Probiotic on circulating levels of BDNF, NGF, IL-6 and mental health in patients with multiple sclerosis: a randomized, double-blind, placebo-controlled trial. In: Nutritional neuroscience 25 (2), S. 411–422. DOI: https://doi.org/10.1080/1028415X.2020.1758887.

Rahman M.T.; Ghosh C.; Hossain M.; Linfield D.; Rezaee F.; Janigro D.; Marchi N.; van Boxel-Dezaire A.H.H. (2018): IFN-γ, IL-17A, or zonulin rapidly increase the permeability of the blood-brain and small intestinal epithelial barriers: Relevance for neuroinflammatory diseases. In: Biochemical and biophysical research communications 507 (1–4), S. 274–279. DOI: https://doi.org/10.1016/j.bbrc.2018.11.021.

Ramirez J.; Guarner F.; Bustos Fernandez L.; Maruy A.; Sdepanian V.L.; Cohen H. (2020): Antibiotics as Major Disruptors of Gut Microbiota. In: Frontiers in cellular and infection microbiology 10, 572912. DOI: https://doi.org/10.3389/fcimb.2020.572912.

Ranjan R.; Rani A.; Metwally A.; McGee H.S.; Perkins D.L. (2016): Analysis of the microbiome: Advantages of whole genome shotgun versus 16S amplicon sequencing. In: Biochemical and biophysical research communications 469 (4), S. 967–977. DOI: https://doi.org/10.1016/j.bbrc.2015.12.083.

Reigstad C.S.; Salmonson C.E.; Rainey J.F.; Szurszewski J.H.; Linden D.R.; Sonnenburg J.L.; Farrugia G.; Kashyap P.C. (2015): Gut microbes promote colonic serotonin production through an effect of short-chain fatty acids on enterochromaffin cells. In: FASEB journal 29 (4), S. 1395–1403. DOI: https://doi.org/10.1096/fj.14-259598.

Reisenauer C.J.; Bhatt D.P.; Mitteness D.J.; Slanczka E.R.; Gienger H.M.; Watt J.A.; Rosenberger T.A. (2011): Acetate supplementation attenuates lipopolysaccharide-induced neuroinflammation. In: Journal of neurochemistry 117 (2), S. 264–274. DOI: https://doi.org/10.1111/j.1471-4159.2011.07198.x.

Reynders T.; Devolder L.; Valles-Colomer M.; van Remoortel A.; Joossens M.; Keyser J. de; Nagels G.; D'hooghe M.; Raes J. (2020): Gut microbiome variation is associated to Multiple Sclerosis phenotypic subtypes. In: Annals of clinical and translational neurology 7 (4), S. 406–419. DOI: https://doi.org/10.1002/acn3.51004.

Rinninella E.; Raoul P.; Cintoni M.; Franceschi F.; Miggiano G.A.D.; Gasbarrini A.; Mele M.C. (2019): What is the Healthy Gut Microbiota Composition? A Changing Ecosystem across Age, Environment, Diet, and Diseases. In: Microorganisms 7 (1), 14. DOI: https://doi.org/10.3390/microorganisms7010014.

Rizzetto L.; Fava F.; Tuohy K.M.; Selmi C. (2018): Connecting the immune system, systemic chronic inflammation and the gut microbiome: The role of sex. In: Journal of autoimmunity 92, S. 12–34. DOI: https://doi.org/10.1016/j.jaut.2018.05.008.

Rodríguez-Gómez J.A.; Kavanagh E.; Engskog-Vlachos P.; Engskog M.K.R.; Herrera A.J.; Espinosa-Oliva A.M.; Joseph B.; Hajji N.; Venero J.L.; Burguillos M.A. (2020): Microglia: Agents of the CNS Pro-Inflammatory Response. In: Cells 9 (7), 1717. DOI: https://doi.org/10.3390/cells9071717.

Rojas O.L.; Pröbstel A.-K.; Porfilio E.A.; Wang A.A.; Charabati M.; Sun T.; Lee D.S.W.; Galicia G.; Ramaglia V.; Ward L.A.; Leung L.Y.T.; Najafi G.; Khaleghi K.; Garcillán B.; Li A.; Besla R.; Naouar I.; Cao E.Y.; Chiaranunt P.; Burrows K.; Robinson H.G.; Allanach J.R.; Yam J.; Luck H.; Campbell D.J.; Allman D.; Brooks D.G.; Tomura M.; Baumann R.; Zamvil S.S.; Bar-Or A.; Horwitz M.S.; Winer D.A.; Mortha A.; Mackay F.; Prat A.; Osborne L.C.; Robbins C.; Baranzini S.E.; Gommerman J.L. (2019): Recirculating Intestinal IgA-Producing Cells Regulate Neuroinflammation via IL-10. In: Cell 176 (3), S. 610–624. DOI: https://doi.org/10.1016/j.cell.2018.11.035.

Rossi B.; Santos-Lima B.; Terrabuio E.; Zenaro E.; Constantin G. (2021): Common Peripheral Immunity Mechanisms in Multiple Sclerosis and Alzheimer's Disease. In: Frontiers in immunology 12, 639369. DOI: https://doi.org/10.3389/fimmu.2021.639369.

Rothhammer V.; Borucki D.M.; Tjon E.C.; Takenaka M.C.; Chao C.-C.; Ardura-Fabregat A.; Lima K.A. de; Gutiérrez-Vázquez C.; Hewson P.; Staszewski O.; Blain M.; Healy L.; Neziraj T.; Borio M.; Wheeler M.; Dragin L.L.; Laplaud D.A.; Antel J.; Alvarez J.I.; Prinz M.; Quintana F.J. (2018): Microglial control of astrocytes in response to microbial metabolites. In: Nature 557 (7707), S. 724–728. DOI: https://doi.org/10.1038/s41586-018-0119-x.

Rothhammer V.; Mascanfroni I.D.; Bunse L.; Takenaka M.C.; Kenison J.E.; Mayo L.; Chao C.-C.; Patel B.; Yan R.; Blain M.; Alvarez J.I.; Kébir H.; Anandasabapathy N.; Izquierdo G.; Jung S.; Obholzer N.; Pochet N.; Clish C.B.; Prinz M.; Prat A.; Antel J.; Quintana F.J. (2016): Type I interferons and microbial metabolites of tryptophan modulate astrocyte activity and central nervous system inflammation via the aryl hydrocarbon receptor. In: Nature medicine 22 (6), S. 586–597. DOI: https://doi.org/10.1038/nm.4106.

Round J.L.; Mazmanian S.K. (2009): The gut microbiota shapes intestinal immune responses during health and disease. In: Nature reviews immunology 9 (5), S. 313–323. DOI: https://doi.org/10.1038/nri2515.

Ruth M.R.; Field C.J. (2013): The immune modifying effects of amino acids on gut-associated lymphoid tissue. In: Journal of animal science and biotechnology 4 (1), 27. DOI: https://doi.org/10.1186/2049-1891-4-27.

Rutsch A.; Kantsjö J.B.; Ronchi F. (2020): The Gut-Brain Axis: How Microbiota and Host Inflammasome Influence Brain Physiology and Pathology. In: Frontiers in immunology 11, 604179. DOI: https://doi.org/10.3389/fimmu.2020.604179.

Sacramento P.M.; Monteiro C.; Dias A.S.O.; Kasahara T.M.; Ferreira T.B.; Hygino J.; Wing A.C.; Andrade R.M.; Rueda F.; Sales M.C.; Vasconcelos C.C.; Bento C.A.M. (2018): Serotonin decreases the production of Th1/Th17 cytokines and elevates the frequency of regulatory CD4+ T-cell subsets in multiple sclerosis patients. In: European journal of immunology 48 (8), S. 1376–1388. DOI: https://doi.org/10.1002/eji.201847525.

Salami M.; Kouchaki E.; Asemi Z.; Tamtaji O.R. (2019): How probiotic bacteria influence the motor and mental behaviors as well as immunological and oxidative biomarkers in multiple sclerosis? A double blind clinical trial. In: Journal of Functional Foods 52, S. 8–13. DOI: https://doi.org/10.1016/j.jff.2018.10.023.

Salehipour Z.; Haghmorad D.; Sankian M.; Rastin M.; Nosratabadi R.; Soltan Dallal M.M.; Tabasi N.; Khazaee M.; Nasiraii L.R.; Mahmoudi M. (2017): Bifidobacterium animalis in combination with human origin of Lactobacillus plantarum ameliorate neuroinflammation in experimental model of multiple sclerosis by altering CD4+ T cell subset balance. In: Biomedicine & pharmacotherapy 95, S. 1535–1548. DOI: https://doi.org/10.1016/j.biopha.2017.08.117.

San Hernandez A.M.; Singh C.; Valero D.J.; Nisar J.; Trujillo Ramirez J.I.; Kothari K.K.; Isola S.; Gordon D.K. (2020): Multiple Sclerosis and Serotonin: Potential Therapeutic Applications. In: Cureus 12 (11), e11293. DOI: https://doi.org/10.7759/cureus.11293.

Sanchez J.M.S.; Doty D.J.; DePaula-Silva A.B.; Brown D.G.; Bell R.; Klag K.A.; Truong A.; Libbey J.E.; Round J.L.; Fujinami R.S. (2020): Molecular patterns from a human gut-derived Lactobacillus strain suppress pathogenic infiltration of leukocytes into the central nervous system. In: Journal of neuroinflammation 17 (1), 291. DOI: https://doi.org/10.1186/s12974-020-01959-2.

Sano T.; Huang W.; Hall J.A.; Yang Y.; Chen A.; Gavzy S.J.; Lee J.-Y.; Ziel J.W.; Miraldi E.R.; Domingos A.I.; Bonneau R.; Littman D.R. (2015): An IL-23R/IL-22 Circuit Regulates Epithelial Serum Amyloid A to Promote Local Effector Th17 Responses. In: Cell 163 (2), S. 381–393. DOI: https://doi.org/10.1016/j.cell.2015.08.061.

Saresella M.; Marventano I.; Barone M.; La Rosa F.; Piancone F.; Mendozzi L.; d'Arma A.; Rossi V.; Pugnetti L.; Roda G.; Casagni E.; Dei Cas M.; Paroni R.; Brigidi P.; Turroni S.; Clerici M. (2020): Alterations in Circulating Fatty Acid Are Associated With Gut Microbiota Dysbiosis and Inflammation in Multiple Sclerosis. In: Frontiers in immunology 11, 1390. DOI: https://doi.org/10.3389/fimmu.2020.01390.

Saresella M.; Mendozzi L.; Rossi V.; Mazzali F.; Piancone F.; LaRosa F.; Marventano I.; Caputo D.; Felis G.E.; Clerici M. (2017): Immunological and Clinical Effect of Diet Modulation of the Gut Microbiome in Multiple Sclerosis Patients: A Pilot Study. In: Frontiers in immunology 8, 1391. DOI: https://doi.org/10.3389/fimmu.2017.01391.

Sarkar A.; Mandal S. (2016): Bifidobacteria – Insight into clinical outcomes and mechanisms of its probiotic action. In: Microbiological research 192, S. 159–171. DOI: https://doi.org/10.1016/j.micres.2016.07.001.

Sasaki-Imamura T.; Yoshida Y.; Suwabe K.; Yoshimura F.; Kato H. (2011): Molecular basis of indole production catalyzed by tryptophanase in the genus Prevotella. In: FEMS microbiology letters 322 (1), S. 51–59. DOI: https://doi.org/10.1111/j.1574-6968.2011.023 29.x.

Scalfari A.; Knappertz V.; Cutter G.; Goodin D.S.; Ashton R.; Ebers G.C. (2013): Mortality in patients with multiple sclerosis. In: Neurology 81 (2), S. 184–192. DOI: https://doi.org/10.1212/WNL.0b013e31829a3388.

Schächtle M.A.; Rosshart S.P. (2021): The Microbiota-Gut-Brain Axis in Health and Disease and Its Implications for Translational Research. In: Frontiers in cellular neuroscience 15, 698172. DOI: https://doi.org/10.3389/fncel.2021.698172.

Schmidt H.; Williamson D.; Ashley-Koch A. (2007): HLA-DR15 haplotype and multiple sclerosis: a HuGE review. In: American journal of epidemiology 165 (10), S. 1097–1109. DOI: https://doi.org/10.1093/aje/kwk118.

Schönfelder T.; Pöhlau D. (2016): Früherkennung und Diagnostik der Multiplen Sklerose. In: M. Kip, T. Schönfelder und H.-H. Bleß (Hg.): Weißbuch Multiple Sklerose. 1. Auflage. Berlin, Heidelberg: Springer Berlin Heidelberg, S. 23–54.

Secher T.; Kassem S.; Benamar M.; Bernard I.; Boury M.; Barreau F.; Oswald E.; Saoudi A. (2017): Oral Administration of the Probiotic Strain Escherichia coli Nissle 1917 Reduces Susceptibility to Neuroinflammation and Repairs Experimental Autoimmune Encephalomyelitis-Induced Intestinal Barrier Dysfunction. In: Frontiers in immunology 8, 1096. DOI: https://doi.org/10.3389/fimmu.2017.01096.

Sender R.; Fuchs S.; Milo R. (2016): Revised Estimates for the Number of Human and Bacteria Cells in the Body. In: PLoS biology 14 (8), e1002533. DOI: https://doi.org/10.1371/journal.pbio.1002533.

Shah S.; Locca A.; Dorsett Y.; Cantoni C.; Ghezzi L.; Lin Q.; Bokoliya S.; Panier H.; Suther C.; Gormley M.; Liu Y.; Evans E.; Mikesell R.; Obert K.; Salter A.; Cross A.H.; Tarr P.I.; Lovett-Racke A.; Piccio L.; Zhou Y. (2021): Alterations of the gut mycobiome in patients with MS. In: EBioMedicine 71, 103557. DOI: https://doi.org/10.1016/j.ebiom.2021.103557.

Shahi S.K.; Freedman S.N.; Mangalam A.K. (2017): Gut microbiome in multiple sclerosis: The players involved and the roles they play. In: Gut microbes 8 (6), S. 607–615. DOI: https://doi.org/10.1080/19490976.2017.1349041.

Shahi S.K.; Jensen S.N.; Murra A.C.; Tang N.; Guo H.; Gibson-Corley K.N.; Zhang J.; Karandikar N.J.; Murray J.A.; Mangalam A.K. (2020): Human Commensal Prevotella histicola Ameliorates Disease as Effectively as Interferon-Beta in the Experimental Autoimmune Encephalomyelitis. In: Frontiers in immunology 11, 578648. DOI: https://doi.org/10.3389/fimmu.2020.578648.

Sharma S.; Tripathi P. (2019): Gut microbiome and type 2 diabetes: where we are and where to go? In: The Journal of nutritional biochemistry 63, S. 101–108. DOI: https://doi.org/10.1016/j.jnutbio.2018.10.003.

Smith J.A.; Nicaise A.M.; Ionescu R.-B.; Hamel R.; Peruzzotti-Jametti L.; Pluchino S. (2021): Stem Cell Therapies for Progressive Multiple Sclerosis. In: Frontiers in cell and developmental biology 9, 696434. DOI: https://doi.org/10.3389/fcell.2021.696434.

Smith P.M.; Howitt M.R.; Panikov N.; Michaud M.; Gallini C.A.; Bohlooly-Y M.; Glickman J.N.; Garrett W.S. (2013): The microbial metabolites, short-chain fatty acids, regulate colonic Treg cell homeostasis. In: Science 341 (6145), S. 569–573. DOI: https://doi.org/ 10.1126/science.1241165.

Soh N.L.; Walter G. (2011): Tryptophan and depression: can diet alone be the answer? In: Acta Neuropsychiatrica 23 (1), S. 3–11. DOI: https://doi.org/10.1111/j.1601-5215.2010. 00508.x.

Song K.; Li Y.; Zhang H.; An N.; Wei Y.; Wang L.; Tian C.; Yuan M.; Sun Y.; Xing Y.; Gao Y. (2020): Oxidative Stress-Mediated Blood-Brain Barrier (BBB) Disruption in Neurological Diseases. In: Oxidative Medicine and Cellular Longevity 2020, S. 1–27. DOI: https:/ /doi.org/10.1155/2020/4356386.

Sonner J.K.; Keil M.; Falk-Paulsen M.; Mishra N.; Rehman A.; Kramer M.; Deumelandt K.; Röwe J.; Sanghvi K.; Wolf L.; Landenberg A. von; Wolff H.; Bharti R.; Oezen I.; Lanz T.V.; Wanke F.; Tang Y.; Brandao I.; Mohapatra S.R.; Epping L.; Grill A.; Röth R.; Niesler B.; Meuth S.G.; Opitz C.A.; Okun J.G.; Reinhardt C.; Kurschus F.C.; Wick W.; Bode H.B.; Rosenstiel P.; Platten M. (2019): Dietary tryptophan links encephalogenicity of autoreactive T cells with gut microbial ecology. In: Nature communications 10 (1), 4877. DOI: https://doi.org/10.1038/s41467-019-12776-4.

Staley C.; Kaiser T.; Vaughn B.P.; Graiziger C.; Hamilton M.J.; Kabage A.J.; Khoruts A.; Sadowsky M.J. (2019): Durable Long-Term Bacterial Engraftment following Encapsulated Fecal Microbiota Transplantation To Treat Clostridium difficile Infection. In: mBio 10 (4). DOI: https://doi.org/10.1128/mBio.01586-19.

Stanisavljević S.; Čepić A.; Bojić S.; Veljović K.; Mihajlović S.; Đedović N.; Jevtić B.; Momčilović M.; Lazarević M.; Mostarica Stojković M.; Miljković Đ.; Golić N. (2019): Oral neonatal antibiotic treatment perturbs gut microbiota and aggravates central nervous system autoimmunity in Dark Agouti rats. In: Scientific reports 9 (1), 918. DOI: https:// doi.org/10.1038/s41598-018-37505-7.

Sterlin D.; Larsen M.; Fadlallah J.; Parizot C.; Vignes M.; Autaa G.; Dorgham K.; Juste C.; Lepage P.; Aboab J.; Vicart S.; Maillart E.; Gout O.; Lubetzki C.; Deschamps R.; Papeix C.; Gorochov G. (2021): Perturbed Microbiota/Immune Homeostasis in Multiple Sclerosis. In: Neurology – Neuroimmunology & Neuroinflammation 8 (4), e997. DOI: https:// doi.org/10.1212/NXI.0000000000000997.

Stojanov S.; Berlec A.; Štrukelj B. (2020): The Influence of Probiotics on the Firmicutes/ Bacteroidetes Ratio in the Treatment of Obesity and Inflammatory Bowel disease. In: Microorganisms 8 (11), 1715. DOI: https://doi.org/10.3390/microorganisms8111715.

Stojanović I.; Saksida T.; Miljković Đ.; Pejnović N. (2021): Modulation of Intestinal ILC3 for the Treatment of Type 1 Diabetes. In: Frontiers in immunology 12, 653560. DOI: https://doi.org/10.3389/fimmu.2021.653560.

Stolfi C.; Troncone E.; Marafini I.; Monteleone G. (2020): Role of TGF-Beta and Smad7 in Gut Inflammation, Fibrosis and Cancer. In: Biomolecules 11 (1), 17. DOI: https://doi.org/ 10.3390/biom11010017.

Storm-Larsen C.; Myhr K.-M.; Farbu E.; Midgard R.; Nyquist K.; Broch L.; Berg-Hansen P.; Buness A.; Holm K.; Ueland T.; Fallang L.-E.; Burum-Auensen E.; Hov J.R.; Holmøy T. (2019): Gut microbiota composition during a 12-week intervention with delayed-release dimethyl fumarate in multiple sclerosis – a pilot trial. In: Multiple sclerosis journal – experimental, translational and clinical 5 (4). DOI: https://doi.org/10.1177/205521731 9888767.

Strandwitz P. (2018): Neurotransmitter modulation by the gut microbiota. In: Brain research 1693 (Pt B), S. 128–133. DOI: https://doi.org/10.1016/j.brainres.2018.03.015.

Sutton T.D.S.; Hill C. (2019): Gut Bacteriophage: Current Understanding and Challenges. In: Frontiers in endocrinology 10, 784. DOI: https://doi.org/10.3389/fendo.2019.00784.

Takewaki D.; Suda W.; Sato W.; Takayasu L.; Kumar N.; Kimura K.; Kaga N.; Mizuno T.; Miyake S.; Hattori M.; Yamamura T. (2020): Alterations of the gut ecological and functional microenvironment in different stages of multiple sclerosis. In: PNAS 117 (36), S. 22402–22412. DOI: https://doi.org/10.1073/pnas.2011703117.

Taleb S. (2019): Tryptophan Dietary Impacts Gut Barrier and Metabolic Diseases. In: Frontiers in immunology 10, 2113. DOI: https://doi.org/10.3389/fimmu.2019.02113.

Tan P.; Li X.; Shen J.; Feng Q. (2020): Fecal Microbiota Transplantation for the Treatment of Inflammatory Bowel Disease: An Update. In: Frontiers in pharmacology 11, 574533. DOI: https://doi.org/10.3389/fphar.2020.574533.

Tang Q.; Jin G.; Wang G.; Liu T.; Liu X.; Wang B.; Cao H. (2020): Current Sampling Methods for Gut Microbiota: A Call for More Precise Devices. In: Frontiers in cellular and infection microbiology 10, 151. DOI: https://doi.org/10.3389/fcimb.2020.00151.

Tankou S.K.; Regev K.; Healy B.C.; Cox L.M.; Tjon E.; Kivisakk P.; Vanande I.P.; Cook S.; Gandhi R.; Glanz B.; Stankiewicz J.; Weiner H.L. (2018): Investigation of probiotics in multiple sclerosis. In: Multiple sclerosis 24 (1), S. 58–63. DOI: https://doi.org/10.1177/1352458517737390.

Teixeira B.; Bittencourt V.C.B.; Ferreira T.B.; Kasahara T.M.; Barros P.O.; Alvarenga R.; Hygino J.; Andrade R.M.; Andrade A.F.; Bento C.A.M. (2013): Low sensitivity to glucocorticoid inhibition of in vitro Th17-related cytokine production in multiple sclerosis patients is related to elevated plasma lipopolysaccharide levels. In: Clinical immunology 148 (2), S. 209–218. DOI: https://doi.org/10.1016/j.clim.2013.05.012.

Thompson A.J.; Banwell B.L.; Barkhof F.; Carroll W.M.; Coetzee T.; Comi G.; Correale J.; Fazekas F.; Filippi M.; Freedman M.S.; Fujihara K.; Galetta S.L.; Hartung H.P.; Kappos L.; Lublin F.D.; Marrie R.A.; Miller A.E.; Miller D.H.; Montalban X.; Mowry E.M.; Sorensen P.S.; Tintoré M.; Traboulsee A.L.; Trojano M.; Uitdehaag B.M.J.; Vukusic S.; Waubant E.; Weinshenker B.G.; Reingold S.C.; Cohen J.A. (2018): Diagnosis of multiple sclerosis: 2017 revisions of the McDonald criteria. In: The Lancet Neurology 17 (2), S. 162–173. DOI: https://doi.org/10.1016/S1474-4422(17)30470-2.

Tian J.; Lu Y.; Zhang H.; Chau C.H.; Dang H.N.; Kaufman D.L. (2004): Gamma-aminobutyric acid inhibits T cell autoimmunity and the development of inflammatory responses in a mouse type 1 diabetes model. In: Journal of immunology 173 (8), S. 5298–5304. DOI: https://doi.org/10.4049/jimmunol.173.8.5298.

Tierney B.T.; Yang Z.; Luber J.M.; Beaudin M.; Wibowo M.C.; Baek C.; Mehlenbacher E.; Patel C.J.; Kostic A.D. (2019): The Landscape of Genetic Content in the Gut and Oral Human Microbiome. In: Cell host & microbe 26 (2), S. 283–295. DOI: https://doi.org/10.1016/j.chom.2019.07.008.

Tremlett H.; Fadrosh D.W.; Faruqi A.A.; Zhu F.; Hart J.; Roalstad S.; Graves J.; Lynch S.; Waubant E. (2016): Gut microbiota in early pediatric multiple sclerosis: a case-control study. In: European journal of neurology 23 (8), S. 1308–1321. DOI: https://doi.org/10.1111/ene.13026.

United States National Library of Medicine (2020): HFP (High-Fiber Supplement) in MS (Multiple Sclerosis). NCT04574024. Online verfügbar unter: https://clinicaltrials. gov/ct2/show/NCT04574024, zuletzt aktualisiert am 02.11.2021, zuletzt geprüft am 26.04.2022.

Vagnerová K.; Vodička M.; Hermanová P.; Ergang P.; Šrůtková D.; Klusoňová P.; Balounová K.; Hudcovic T.; Pácha J. (2019): Interactions Between Gut Microbiota and Acute Restraint Stress in Peripheral Structures of the Hypothalamic-Pituitary-Adrenal Axis and the Intestine of Male Mice. In: Frontiers in immunology 10, 2655. DOI: https://doi.org/10. 3389/fimmu.2019.02655.

Valdes A.M.; Walter J.; Segal E.; Spector T.D. (2018): Role of the gut microbiota in nutrition and health. In: BMJ 361, k2179. DOI: https://doi.org/10.1136/bmj.k2179.

Vancamelbeke M.; Vermeire S. (2017): The intestinal barrier: a fundamental role in health and disease. In: Expert review of gastroenterology & hepatology 11 (9), S. 821–834. DOI: https://doi.org/10.1080/17474124.2017.1343143.

Vemuri R.; Shankar E.M.; Chieppa M.; Eri R.; Kavanagh K. (2020): Beyond Just Bacteria: Functional Biomes in the Gut Ecosystem Including Virome, Mycobiome, Archaeome and Helminths. In: Microorganisms 8 (4). DOI: https://doi.org/10.3390/microorganisms8 040483.

Venkatesh M.; Mukherjee S.; Wang H.; Li H.; Sun K.; Benechet A.P.; Qiu Z.; Maher L.; Redinbo M.R.; Phillips R.S.; Fleet J.C.; Kortagere S.; Mukherjee P.; Fasano A.; Le Ven J.; Nicholson J.K.; Dumas M.E.; Khanna K.M.; Mani S. (2014): Symbiotic bacterial metabolites regulate gastrointestinal barrier function via the xenobiotic sensor PXR and Toll-like receptor 4. In: Immunity 41 (2), S. 296–310. DOI: https://doi.org/10.1016/j.imm uni.2014.06.014.

Venken K.; Hellings N.; Hensen K.; Rummens J.-L.; Medaer R.; D'hooghe M.B.; Dubois B.; Raus J.; Stinissen P. (2006): Secondary progressive in contrast to relapsing-remitting multiple sclerosis patients show a normal CD4+CD25+ regulatory T-cell function and FOXP3 expression. In: Journal of neuroscience research 83 (8), S. 1432–1446. DOI: https://doi.org/10.1002/jnr.20852.

Ventura R.E.; Iizumi T.; Battaglia T.; Liu M.; Perez-Perez G.I.; Herbert J.; Blaser M.J. (2019): Gut microbiome of treatment-naïve MS patients of different ethnicities early in disease course. In: Scientific reports 9 (1), 16396. DOI: https://doi.org/10.1038/s41598-019-52894-z.

Wahlström A.; Sayin S.I.; Marschall H.-U.; Bäckhed F. (2016): Intestinal Crosstalk between Bile Acids and Microbiota and Its Impact on Host Metabolism. In: Cell metabolism 24 (1), S. 41–50. DOI: https://doi.org/10.1016/j.cmet.2016.05.005.

Wallin M.T.; Culpepper W.J.; Nichols E.; Bhutta Z.A.; Gebrehiwot T.T.; Hay S.I.; Khalil I.A.; Krohn K.J.; Liang X.; Naghavi M.; Mokdad A.H.; Nixon M.R.; Reiner R.C.; Sartorius B.; Smith M.; Topor-Madry R.; Werdecker A.; Vos T.; Feigin V.L.; Murray C.J.L. (2019): Global, regional, and national burden of multiple sclerosis 1990–2016: a systematic analysis for the Global Burden of Disease Study 2016. In: The Lancet Neurology 18 (3), S. 269–285. DOI: https://doi.org/10.1016/S1474-4422(18)30443-5.

Walton C.; King R.; Rechtman L.; Kaye W.; Leray E.; Marrie R.A.; Robertson N.; La Rocca N.; Uitdehaag B.; van der Mei I.; Wallin M.; Helme A.; Angood Napier C.; Rijke N.; Baneke P. (2020): Rising prevalence of multiple sclerosis worldwide: Insights from the

Atlas of MS, third edition. In: Multiple sclerosis 26 (14), S. 1816–1821. DOI: https://doi. org/10.1177/1352458520970841.

Wang S.; Chen H.; Wen X.; Mu J.; Sun M.; Song X.; Liu B.; Chen J.; Fan X. (2021): The Efficacy of Fecal Microbiota Transplantation in Experimental Autoimmune Encephalomyelitis: Transcriptome and Gut Microbiota Profiling. In: Journal of immunology research 2021, 4400428. DOI: https://doi.org/10.1155/2021/4400428.

Weintraub A. (2019): Treating multiple sclerosis with the help of the gut microbiome. Online verfügbar unter: https://www.fiercebiotech.com/research/treating-multiple-sclerosis-help-gut-microbiome, zuletzt geprüft am 25.04.2022.

Wenzel T.J.; Gates E.J.; Ranger A.L.; Klegeris A. (2020): Short-chain fatty acids (SCFAs) alone or in combination regulate select immune functions of microglia-like cells. In: Molecular and cellular neurosciences 105, 103493. DOI: https://doi.org/10.1016/j.mcn. 2020.103493.

Wilson I.D.; Nicholson J.K. (2017): Gut microbiome interactions with drug metabolism, efficacy, and toxicity. In: Translational research 179, S. 204–222. DOI: https://doi.org/10. 1016/j.trsl.2016.08.002.

Wingerchuk D.M. (2012): Smoking: effects on multiple sclerosis susceptibility and disease progression. In: Therapeutic advances in neurological disorders 5 (1), S. 13–22. DOI: https://doi.org/10.1177/1756285611425694.

Wood Heickman L.K.; DeBoer M.D.; Fasano A. (2020): Zonulin as a potential putative biomarker of risk for shared type 1 diabetes and celiac disease autoimmunity. In: Diabetes/ metabolism research and reviews 36 (5), e3309. DOI: https://doi.org/10.1002/dmrr.3309.

Wyatt M.; Greathouse K.L. (2021): Targeting Dietary and Microbial Tryptophan-Indole Metabolism as Therapeutic Approaches to Colon Cancer. In: Nutrients 13 (4), 1189. DOI: https://doi.org/10.3390/nu13041189.

Xu Y.; Wang N.; Tan H.-Y.; Li S.; Zhang C.; Feng Y. (2020): Function of Akkermansia muciniphila in Obesity: Interactions With Lipid Metabolism, Immune Response and Gut Systems. In: Frontiers in microbiology 11, 219. DOI: https://doi.org/10.3389/fmicb.2020. 00219.

Yan Y.; Zhang G.-X.; Gran B.; Fallarino F.; Yu S.; Li H.; Cullimore M.L.; Rostami A.; Xu H. (2010): IDO upregulates regulatory T cells via tryptophan catabolite and suppresses encephalitogenic T cell responses in experimental autoimmune encephalomyelitis. In: Journal of immunology 185 (10), S. 5953–5961. DOI: https://doi.org/10.4049/jimmunol. 1001628.

Yang J.; Pu J.; Lu S.; Bai X.; Wu Y.; Jin D.; Cheng Y.; Zhang G.; Zhu W.; Luo X.; Rosselló-Móra R.; Xu J. (2020): Species-Level Analysis of Human Gut Microbiota With Metataxonomics. In: Frontiers in microbiology 11, 2029.DOI: https://doi.org/10.3389/fmicb. 2020.02029.

Yang M.; Gu Y.; Li L.; Liu T.; Song X.; Sun X.; Cao X.; Wang B.; Jiang K.; Cao H. (2021): Bile Acid-Gut Microbiota Axis in Inflammatory Bowel Disease: From Bench to Bedside. In: Nutrients 13 (9), 3143. DOI: https://doi.org/10.3390/nu13093143.

Yang Y.; Torchinsky M.B.; Gobert M.; Xiong H.; Xu M.; Linehan J.L.; Alonzo F.; Ng C.; Chen A.; Lin X.; Sczesnak A.; Liao J.-J.; Torres V.J.; Jenkins M.K.; Lafaille J.J.; Littman D.R. (2014): Focused specificity of intestinal TH17 cells towards commensal bacterial antigens. In: Nature 510 (7503), S. 152–156. DOI: https://doi.org/10.1038/nature13279.

Yanguas-Casás N.; Barreda-Manso M.A.; Nieto-Sampedro M.; Romero-Ramírez L. (2017): TUDCA: An Agonist of the Bile Acid Receptor GPBAR1/TGR5 With Anti-Inflammatory Effects in Microglial Cells. In: Journal of cellular physiology 232 (8), S. 2231–2245. DOI: https://doi.org/10.1002/jcp.25742.

Yano J.M.; Yu K.; Donaldson G.P.; Shastri G.G.; Ann P.; Ma L.; Nagler C.R.; Ismagilov R.F.; Mazmanian S.K.; Hsiao E.Y. (2015): Indigenous bacteria from the gut microbiota regulate host serotonin biosynthesis. In: Cell 161 (2), S. 264–276. DOI: https://doi.org/10.1016/j.cell.2015.02.047.

You X.-Y.; Zhang H.-Y.; Han X.; Wang F.; Zhuang P.-W.; Zhang Y.-J. (2021): Intestinal Mucosal Barrier Is Regulated by Intestinal Tract Neuro-Immune Interplay. In: Frontiers in pharmacology 12, 659716. DOI: https://doi.org/10.3389/fphar.2021.659716.

Yu H.-Y.; Cai Y.-B.; Liu Z. (2015): Activation of AMPK improves lipopolysaccharide-induced dysfunction of the blood-brain barrier in mice. In: Brain injury 29 (6), S. 777–784. DOI: https://doi.org/10.3109/02699052.2015.1004746.

Yun Y.; Kim H.-N.; Kim S.E.; Heo S.G.; Chang Y.; Ryu S.; Shin H.; Kim H.-L. (2017): Comparative analysis of gut microbiota associated with body mass index in a large Korean cohort. In: BMC microbiology 17 (1), 151. DOI: https://doi.org/10.1186/s12866-017-1052-0.

Yusufu I.; Ding K.; Smith K.; Wankhade U.D.; Sahay B.; Patterson G.T.; Pacholczyk R.; Adusumilli S.; Hamrick M.W.; Hill W.D.; Isales C.M.; Fulzele S. (2021): A Tryptophan-Deficient Diet Induces Gut Microbiota Dysbiosis and Increases Systemic Inflammation in Aged Mice. In: International journal of molecular sciences 22 (9), 5005. DOI: https://doi.org/10.3390/ijms22095005.

Zeng Q.; Junli G.; Liu X.; Chen C.; Sun X.; Li H.; Zhou Y.; Cui C.; Wang Y.; Yang Y.; Wu A.; Shu Y.; Hu X.; Lu Z.; Zheng S.G.; Qiu W.; Lu Y. (2019): Gut dysbiosis and lack of short chain fatty acids in a Chinese cohort of patients with multiple sclerosis. In: Neurochemistry international 129, 104468. DOI: https://doi.org/10.1016/j.neuint.2019.104468.

Zhang Z.; La Placa D.; Nguyen T.; Kujawski M.; Le K.; Li L.; Shively J.E. (2019): CEACAM1 regulates the IL-6 mediated fever response to LPS through the RP105 receptor in murine monocytes. In: BMC immunology 20 (1), 7. DOI: https://doi.org/10.1186/s12865-019-0287-y.

Zheng D.; Liwinski T.; Elinav E. (2020): Interaction between microbiota and immunity in health and disease. In: Cell research 30 (6), S. 492–506. DOI: https://doi.org/10.1038/s41422-020-0332-7.

Zheng Y.; Sun L.; Jiang T.; Zhang D.; He D.; Nie H. (2014): TNFα promotes Th17 cell differentiation through IL-6 and IL-1β produced by monocytes in rheumatoid arthritis. In: Journal of immunology research 2014, 385352. DOI: https://doi.org/10.1155/2014/385352.

Zhou L.; Chu C.; Teng F.; Bessman N.J.; Goc J.; Santosa E.K.; Putzel G.G.; Kabata H.; Kelsen J.R.; Baldassano R.N.; Shah M.A.; Sockolow R.E.; Vivier E.; Eberl G.; Smith K.A.; Sonnenberg G.F. (2019): Innate lymphoid cells support regulatory T cells in the intestine through interleukin-2. In: Nature 568 (7752), S. 405–409. DOI: https://doi.org/10.1038/s41586-019-1082-x.

Zhou X.; Singh S.; Baumann R.; Barba P.; Landefeld J. (2021): Household paired design reduces variance and increases power in multi-city gut microbiome study in multiple sclerosis. In: Multiple sclerosis journal 27 (3), S. 366–379. DOI: https://doi.org/10.1177/135 2458520924594.

Zhu C.; Sawrey-Kubicek L.; Beals E.; Rhodes C.H.; Houts H.E.; Sacchi R.; Zivkovic A.M. (2020): Human gut microbiome composition and tryptophan metabolites were changed differently by fast food and Mediterranean diet in 4 days: a pilot study. In: Nutrition research 77, S. 62–72. DOI: https://doi.org/10.1016/j.nutres.2020.03.005.

Zostawa J.; Adamczyk J.; Sowa P.; Adamczyk-Sowa M. (2017): The influence of sodium on pathophysiology of multiple sclerosis. In: Neurological sciences 38 (3), S. 389–398. DOI: https://doi.org/10.1007/s10072-016-2802-8.

Zou F.; Qiu Y.; Huang Y.; Zou H.; Cheng X.; Niu Q.; Luo A.; Sun J. (2021): Effects of short-chain fatty acids in inhibiting HDAC and activating p38 MAPK are critical for promoting B10 cell generation and function. In: Cell death & disease 12 (6), 582. DOI: https://doi.org/10.1038/s41419-021-03880-9.

Printed in the United States
by Baker & Taylor Publisher Services